计算机教学研究与实践

——2015学术年会论文集

浙江省高校计算机教学研究会　编

ZHEJIANG UNIVERSITY PRESS
浙江大学出版社

图书在版编目（CIP）数据

计算机教学研究与实践：2015学术年会论文集 / 浙
江省高校计算机教学研究会编. —杭州:浙江大学出版
社,2015.8
　　ISBN 978-7-308-14997-6

　　Ⅰ．①计… Ⅱ．①浙… Ⅲ．①电子计算机－教学研究
－高等学校－学术会议－文集 Ⅳ．①TP3-42

　　中国版本图书馆 CIP 数据核字（2015）第 183243 号

计算机教学研究与实践——2015 学术年会论文集

浙江省高校计算机教学研究会　　编

责任编辑　吴昌雷
责任校对　王元新
封面设计　刘依群
出版发行　浙江大学出版社
　　　　　（杭州市天目山路 148 号　邮政编码 310007）
　　　　　（网址：http://www.zjupress.com）
排　　版　杭州中大图文设计有限公司
印　　刷　德清县第二印刷厂
开　　本　787mm×1092mm　1/16
印　　张　11.5
字　　数　287 千
版 印 次　2015 年 8 月第 1 版　2015 年 8 月第 1 次印刷
书　　号　ISBN 978-7-308-14997-6
定　　价　42.00 元

目　录

专业建设与课程体系建设

实验室建设与网络辅助教学

课程建设

教学方法与教学环境建设

专业建设与课程体系建设

计算机专业嵌入式课程的递进教学模式探索

张　桦　吴以凡　孟旭炯

杭州电子科技大学计算机学院，浙江杭州，310018

摘　要：分析高校计算机专业学生硬件基础知识薄弱，嵌入式课程学习能力不足的现状，从教学内容和教学形式两个方面进行递进教学模式的探索。通过设计单片机到多核处理器的层次化教学内容，对不同年级的学生实施从易到难的递进式教学；设计模块化学习到工程项目实践的进阶式教学组织形式，对同一嵌入式教学内容进行融会升华。并在近年新开设的创新实践中以低功耗单片、ARM 和 DSP 处理器为教学内容对提出的递进教学模式进行实施，培养了学生良好的嵌入式工程实践和创新能力，取得了较好的教学效果。

关键词：嵌入式；递进；教学模式

1　引　言

随着计算机、通信和控制技术的不断发展，嵌入式系统已经不断渗透到现代生活的方方面面，3D 立体视觉的采集和显示、智能化交通和工业的控制、远程医疗的监控和实施、现代化种植和农场管理等。社会生产生活对嵌入式科技创新人才的需求越来越迫切，浙江省内华为、海康和大华等知名企业对嵌入式工程师的需求也与日俱增。

国内外各大高校的许多专业，包括计算机专业也已经相继开设了嵌入式课程，然而很多还仅停留在课程原理介绍上，实践任务小且少，无系统[1]，不能很好地培养学生的创新意识、团队合作等能力，要让学生能真正独立完成一个稍具规模的项目，要等到毕业设计方可。而仅靠一个学期的毕业设计工作，对学生嵌入式实践能力的培养远远不够。如何从低年级开始循序渐进的培养，保持四年不断的递进式嵌入式课程教学，是一个很有意义的课题。

2　现状分析

第一次给计算机专业的学生讲授"DSP 原理与应用"这门课的时候问了一个问题，"计算机的体系结构是什么？""冯·诺依曼！""很好，那么还有其他类型的体系结构吗？"下面就没有声响了。再问"有谁了解中断、Cache 和 DMA？"，举手的学生不超过三分之一。面对这样的场景，我们不禁思考计算机专业的嵌入式课程培养问题出在哪里？

计算机专业的教学体系普遍存在"重软轻硬"的弊端[2]，偏向程序算法、软件工程、数据

张　桦　E-mail：zhangh@hdu.edu.cn
吴以凡　E-mail：yfwu@hdu.edu.cn
孟旭炯　E-mail：mengxj@hdu.edu.cn

库设计和网络技术;对计算机系统的相关硬件课程设置相对较少,特别是对数字电路设计、计算机组成及系统结构等内容进行贯通的实践课程偏少,学生不能有效认知和消化理解,造成计算机相关的硬件知识基础薄弱。一些专业在整个高等教育过程中仅在高年级安排了 1 个学期的嵌入式课程,省略了单片机等基础课程的过渡,教学内容无法深层次进入,缺乏实践的硬件原理填鸭式教学,使学生丧失了对课程本身的兴趣爱好和主动学习能力。

嵌入式系统是一门交叉综合性较强的电子电气类专业课,主要讲述嵌入式系统的原理及应用开发技术,教学内容涵盖硬件、软件等多方面的知识。例如"DSP 原理与应用"课程围绕的是美国 TI 公司的 DaVinci 系列 DSP 处理器,该处理器包含了 1 个 ARM926E 核和 1 个 C64x+ 的 DSP 核,学生不仅要掌握 ARM、DSP 中央处理器结构、外围设备工作原理、最小系统电路设计,还要学习美国 TI 公司的专有开发编译软件 CCS、Linux 操作系统的驱动及应用程序。因此从该课程看,学生至少具备单片机、ARM、电路设计、程序设计基础以及操作系统等基础知识,课程的难度相当大。

3 递进教学模式

针对计算机专业学生学习嵌入式课程时"基础弱、课程难"的学习现状,提出了一种递进式的教学模式改革。通过设计单片机到多核处理器的层次化教学内容,对不同年级学生实施从易到难的递进式教学;设计模块化学习到工程项目实践的进阶式教学组织形式,对同一嵌入式教学内容进行融会升华。并在近年新开设的创新实践中以低功耗单片机、ARM 和 DSP 处理器为教学内容对提出的递进教学模式进行实施,培养了学生良好的嵌入式工程实践和创新能力,取得了较好的教学效果。

3.1 单片机到多核处理器的层次化教学内容

经过多年嵌入式课程的教学分析和总结,学习了国内外先进经验[3],设计一套分层次的递进式嵌入式教学内容,及配套教学平台。学生从最简单易学的单片机入门,接受最基础的硬件设计理念和编程思想,以学期为单位,依此进行 ARM 处理器、DSP 处理器、多核处理器的原理和应用开发,最后完成嵌入式系统的毕业设计。由浅入深,自简到难,扩充自身的硬件知识和嵌入式工程实践和创新能力。

嵌入式课程的递进式教学平台主要由 1 块接口扩展板和多块不同核心板的双层结构组成,如图 1 所示。

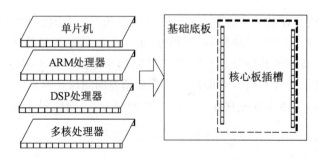

图 1 层次化教学内容示意图

接口扩展板作为共用的基础底板,通过共用排针将不同处理器的外围设备接口引到板上,如表1所示扩展出用于实验验证的接口。为单片机扩展 UART、I/O 口和数模转换口;为 ARM 处理器增加 USB、SPI 和以太网口;为 DSP 处理器专门扩展了 McASP 音频和 VPSS 视频输入输出接口;多核处理器完全包括了 ARM 和 DSP 处理器的所有接口。

表 1　扩展接口

处理器	UART	I/O	A/D	USB	SPI	Ethernet	McASP	VPSS
单片机	√	√	√					
ARM	√	√	√	√	√	√		
DSP	√	√					√	√
多核	√	√	√	√	√	√	√	√

不同核心板上处理器不同,通过共用的排针连接到接口扩展板上。在使用过程中保持接口扩展板不变,仅通过插拔来更换不同的上层核心板。教学平台初期搭载没有操作系统且外围接口较少的入门级单片机,然后学习带有操作系统和外围接口丰富的 ARM 处理器,接着利用 DSP 处理器进行音视频算法的编程和优化,最后搭建基于多核处理器的复杂应用系统,整体形成递进式开发学习架构。

3.2　模块化学习到创新项目实践的进阶式教学组织形式

嵌入式课程最核心的理念依然是"以学生为本",即以学生为中心。每个学生对硬件知识的感兴趣程度是不一样的,硬件基础知识也各异。针对每个嵌入式教学平台设计一系列难度递进的接口功能模块,如图2所示,学生在学习过程中首先针对实际情况选择性学习从易到难的各个接口模块,然后以团队为单位完成创新项目实践。

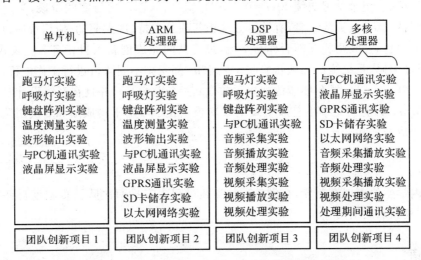

图 2　进阶式教学组织形式示意图

在功能模块学习阶段采用探究式的课堂教学活动[4],即组织学生围绕特定的接口及相关教学材料,自主构建对接口功能、原理的理解,实现对接口的编程和应用。在整个教学过程中,教师和学生是互相平等、尊重和质疑的,知识并不是通过填鸭式教授的,而是学生通过自觉自主积极构建起来的。教师关注的不再是以什么方式最有效的表达该模块的原理，而是如何更加有计划地组织、帮助和引导学生对该模块知识的自主构建，从而激发学生对嵌入式课程的兴趣，促成探究式课堂教学的成功。

在团队创新项目实践阶段采用近年来先进的国际工程教育理念 CDIO[5]，即构思（Conceive）、设计（Design）、实施（Implement）、运作（Operate）。学生通过自由组合的方式构成项目团队，提出自己的创新想法。教师帮助每个团队完善其需求，分析项目可行性。学生在通过需求分析审核的情况下，进入系统概要和详细设计环节。学生阐述项目中各功能事务流，完成程序流程图，确定函数功能、接口、参数以及各数据类型和通讯协议。教师考察学生的逻辑分析能力，及项目方案的合理性。学生根据系统设计方案和模块化学习经验，依次实施底层驱动程序、上层应用程序的编程和调试，最后进行系统测试和功能演示，完成创新项目实践，实现对该嵌入式处理器知识从量变到质变的升华。

3.3　实施案例和考核方法

在近年新开设的创新实践中以低功耗单片机、ARM 和 DSP 处理器为教学内容对提出的递进教学模式进行实施，培养了学生良好的嵌入式工程实践和创新能力，取得了较好的教学效果。下面以美国 TI 公司的低功耗单片机 MSP430G2553 为例，讲述其教学过程和考核方法。每个学生配备 1 块接口扩展板和 1 块带有 MSP430G2533 单片机的核心板。课程各个阶段的时间分配为：模块化学习 8 周，创新项目实践 8 周，各占学期总时间的一半；其中项目实践过程中，需求分析、系统设计、程序编码和测试分别占 1、2、3、1 周，最后 1 周用于项目验收。

在模块化学习的阶段中，每次上课首先由教师演示各接口的功能效果，然后学生自主自发的学习其工作原理，并且对示范例程进行修改调试。每个模块学习完毕，教师对学生进行问题式检查，记录学习成绩 $S_i(i=0,1\cdots7)$。在团队创新项目实践阶段，学生在教师指导下自由组队，队员人数为 5 名，有针对性地担任项目主持、底层驱动、应用程序以及测试程序员等不同角色，并鼓励相互间合作与交流，最终共同完成创新项目任务。在需求分析、系统设计、程序编码、系统测试和项目验收 5 个环节，都安排不同队员进行工作汇报，教师记录成绩 $T_j(j=0,1\cdots4)$，每个环节的加权系数 $\beta_j(j=0,1\cdots4)$，并且在系统设计阶段确定项目难度系数 α。计算一个学生总成绩 Q 为 8 次模块化学习的平均成绩和 5 次团队项目实践的加权平均成绩之和。

$$Q = \frac{1}{8}\sum_{i=0}^{7} S_i + \alpha \sum_{j=0}^{4} \beta_j T_j$$

由于团队内学生的表现有差异，在创新项目实践过程中安排两次队员贡献度自评排名的环节，最后加权到总成绩 Q 上。

4　结束语

针对计算机专业学生硬件基础知识薄弱，嵌入式课程学习能力不足的现状，提出了一种递进教学模式的探索。通过设计单片机到多核处理器的层次化教学内容，对不同年级的学生实施从易到难的递进式教学；设计模块化学习到工程项目实践的进阶式教学组织形式,对同一嵌入式教学内容进行融会升华。并以低功耗单片 MSP430G2553 为例讲述其教学过程和考核方法,该创新实践课程培养了学生良好的嵌入式工程实践和创新能力,取得了较好的教学效果。

参考文献

[1] 刘泽平,羊四清.计算机专业嵌入式方向课程体系建设.计算机教育,2013(6):103-106.

[2] 符秋丽.计算机专业嵌入式系统课程教学问题探讨.中国现代教育装备,2014(3):62-64.

[3] 郭国法,宫瑶,张开生.嵌入式课程递阶教学平台的设计与实现.电脑知识与技术,2015(11):113-118.

[4] 齐雪林.浅析基于探究式学习的大学课堂教学.高等理科教育,2011(1):93-96.

[5] 李珍香.基于 CDIO 模式的计算机硬件课程群实验教学.计算机教育,2015(1):61-64.

应用型本科院校计算机实践教学的改革与探索

张银南　　雷运发

浙江科技学院信息与电子工程学院，浙江杭州，310023

摘　要：应用型本科重在"应用"二字，强调"能力"培养，其核心环节是实践教学。实践教学是应用型本科人才培养的重要环节。本文分析了计算机教育的发展，指出了实践教学存在的问题。以能力培养为核心，以就业为导向，构建了应用型本科人才培养模式。针对计算机专业，建立实践教学体系，以及保证实践教学环节的有效实施的相关途径和措施。

关键词：应用型本科院校；人才培养模式；能力培养；实践教学

1　引　言

当前随着高校的发展，大学生就业难题日渐突出。教育部统计，2015年高校毕业生将达749万，再次刷新纪录。对于大学毕业生总体来说，选择留学、考研、创业的人比例不大，就业占绝对主导地位。

2015年6月10日，麦可思研究院发布了《2015年中国大学生就业报告》，即2015年"就业蓝皮书"。在近几年麦可思研究院发布的"中国大学生就业报告"中，从这几届毕业生的就业率变化趋势可以看出，我国信息产业对从业人员学历有较高要求，大学毕业生自主创业的比例呈现持续和较大的上升趋势[1]。

应用型大学主要为地方培养各行各业的应用型高级专门人才，培养的人才专业口径较宽，适应面较广，既掌握一定的理论知识，又具有很强的应用能力。应用型本科重在"应用"二字，要求以体现时代精神和社会发展要求的人才观、质量观和教育观为先导，以在新的高等教育形势下构建满足和适应经济与社会发展需要的新的学科方向、专业结构、课程体系，更新教学内容、教学环节、教学方法和教学手段，全面提高教学水平，注重学生实践能力，培养具有较强社会适应能力和竞争能力的高素质应用型人才[2]。

知识来源于实践，能力来自于实践，素质更需要在实践中养成，各种实践教学环节对于培养学生的实践能力和创新能力尤其重要。我们要探索实践教学新路子，提高人才培养质量。

2　实践性教学存在的问题

目前IT行业对人才的需求是既具有扎实的理论基础还应该具有较强的实践动手能

张银南　E-mail:zyn96@163.com

项目资助：2013年度浙江科技学院教学研究项目(项目编号：2013-k11)。

力、创新能力。加强教学质量,提高教学效果对于计算机专业学生教学不仅要有坚实的理论教学基础,更要重视实践教学的成效,加强理论与实践相结合。

虽然实践教学在不断地变革和完善,但存在的问题依然不少,其中最突出的问题主要表现在以下几个方面。

(1)转变教育观念是关键。长期以来,我国计算机专业教育带有深厚的计算机系统研究型人才培养色彩,其课程体系注重传授完整的计算机硬件及其系统软件的理论体系,追求理论体系的系统性和基础性,存在重理论、轻应用,重知识,轻能力,重书本,轻实践的问题。这种教育思想在办学的各个方面都得到一定的反映,导致学生不能学以致用。某些政策导向,特别是高校评估指标体系,基本上是以学术性研究型大学的标准来制订的,分类指导不够,从而在一定程度上进一步强化了"重学轻术"的传统思想,导致了高校办学和社会需求之间的矛盾。高校都愿意往学术研究方向靠拢,离实践越来越远。因此,传统精英人才培养模式下的学术化课程体系和教学实施与计算机应用日趋普及形式下的人才市场需求不相适应,造成专业培养方案定位不准确,课程体系不合理。如何在观念上予以更新,在政策上引导高校分类发展,从而培养出适应社会发展的各类应用型高级专门人才,是值得深入思考的问题。只有从教育思想上真正认识到"应用型"人才的重要性,才能切实地改革人才培养的各个环节。

(2)理论与实践关系之争。计算机专业的理论知识抽象、部分知识具有很强的设计性和工程性,学习难度大。大而全的理论课程体系势必引发理论课程的学习负担加重、课内学时太多和满堂灌问题,学生没有足够的课外时间吸收并消化所学知识。

在新型应用型本科院校发展建设中,加大实践教学力度,培养应用型人才已经形成了共识,但在人才培养方案的具体形成时,理论课时和实践课时比重如何把握,是新型应用型本科院校的争论和困惑之一。主要是:如果加大实践实训比重后,理论教学课时相对减少,广泛的质疑是否会影响学生发展的未来和后劲;另外,是否在实践教学和理论教学的先后安排上可以有更多的方式,也有不同程度的观点,也就是实践教学和理论教学的主从关系是什么样的,成为一个较为广泛的争论困惑点[3]。

(3)实践教学中内部方面存在的问题。计算机专业相关知识发展比较快,实践教学的内容不符合现在技术的发展。实践教学管理制度不够完善,缺乏可操作性;缺乏强有力的师资队伍,"双师型"教师行业实践能力需要提升;没有建立起科学有效的实践教学质量评估体系,考试考核制度不完善。传统的程序设计课程教学,由于过度偏重语言,忽视思维方法的培养和训练。

(4)实践教学中外部方面存在的问题。缺乏优化的外部支持环境。一方面现在的实验设备不足,生均设备占有量小;设备更新慢,与计算机技术发展水平相比相对滞后,使得学校强化技能训练的各项措施无法落到实处。另一方面,实习、实训基地少,经费实习、实训经费不足,实习、实训的质量不能得到有效的保证。缺乏对外合作办学统一规划,合作广度和深度有待拓展。

3　构建应用型本科院校的人才培养模式

探索新型应用型本科之路是一项开创性的工作,在理论和实践上,各校都创出了真作为,极大地支撑了高等教育强国的战略规划。

浙江科技学院自 20 世纪 90 年代开始,以中德政府间教育合作项目为契机,不断研究德国应用型人才培养的改革和发展状况,学习借鉴德国应用科学大学人才培养的有益经验,以培养国际化、应用型、高水平人才为自身定位,积极开展应用型本科人才培养教学改革,逐步形成了独具特色的应用型本科人才培养模式[4]。成为教育部首批"卓越工程师教育培养计划"试点院校,作为入选全国首批应用型本科试点院校。

为实现"优化基础、强化能力、提高素质、发展个性、鼓励创新"的应用型人才培养目标,学校确立了"学以致用、全面发展"的应用型工程师培养教育理念,制定了"133226"培养体系改革方案,即牢固树立以能力培养为核心的 1 个理念,明确知识、能力、素质 3 个方面的培养要求,构建基础、拓展、复合 3 个课程层次和教学要求,开展校企合作和国际合作 2 项教育合作,完善"双师型、国际化"的师资队伍和实践教学基地 2 项保障,着重从教学内容、教学环节、教学方法、教学手段、考核方式、教学管理与组织方式改革等方面开展 6 项教学改革。

因此,在明确人才培养目标定位和要求的基础上,整体优化学生知识结构,进行课程体系的创新,注重课程衔接,教学内容有鲜明的实践导向,构建科学合理的应用型人才培养模块化课程体系。

4 实践教学的实施

培养应用型人才,从教学体系建设体现"应用"二字,其核心环节是实践教学。从教学目的固化到学生头脑、心智的程度来看,用经历、磨历性学习方式,也就是实践、实做、实训、做中学、学中做、学做结合、学用结合等方式学习效果更好,对人才的自信能力、技术技能、方法能力的养成会更加有效。实践的过程也是理论学习过程。

计算机专业是实践性很强的专业,无论是在教学还是在实验教学中都必须强调实践性,注重学生操作能力的锻炼和培养。计算机实践教学是培养学生动手实践能力和创新能力的重要综合性训练环节,是培养高素质创新人才的重要保障。

4.1 转变教学观念,建立实践教学体系

实践教学是高等学校教学的重要组成部分,是人才培养过程中一个非常重要的环节。实践教学对于培养学生的创新意识、动手能力、分析问题和解决问题的能力有着不可替代的作用。我们围绕应用型人才培养目标,提出计算机专业实践教学综合解决方案,体现到实践教学大纲中。在教学思路上实现产业需求与专业教学现状的统一,在教学模式上实现理论教学与实践教学的统一,在教学内容上实现系统性与完整性的统一,在教学手段上实现社会资源与自主资源的统一。具体包括技能实验、课程实训、专业实战等多种实践教学形式,覆盖从计算机专业知识学习,到知识领域应用,到岗前培训的全程实践环节。

完善了生产实践、技术实践、课程实践、社会实践、科技实践、毕业设计六个全程化实践教学环节,在工科院校率先引入"两个实践学期"和"3+1"实践教学安排,有效实现了应用型本科人才培养从注重知识传授向注重能力素质培养的转变。

4.2 多项教育合作,更好地为实践教学服务

开展校企合作和国际合作,面向行业需求,培养具有工程实践能力和国际素养的应用型本科人才,增强人才的就业适应性,拓宽学生的国际视野。

(1)校企合作。学校要始终贯彻学以致用的办学理念,不断创新校企合作思路,扩大校企合作规模,创建具有鲜明特色的多元化、多样性校企合作模式。成立了校企合作理事会,建立长期稳定的校企间人才培养、科研开发等多方位的共赢合作的校企联合培养人才平台,使企业深度参与学生的培养。

(2)国际合作。借鉴国外先进的教育理念和教育经验,引进国外先进的教学模式和优质教育资源,推进教学内容和课程体系改革。在学院深化拓展国际合作项目的基础上,利用具有较好国际化背景教师引进及教师出国学习的契机,积极推进国外优质课程的引进工作。完善学生互换、课程互认、学分互认和学位互授联授等工作;针对中德联合培养本科生"2+3"项目、中澳合作办学项目、国际化专业及招收留学生专业,制订有特色、个性化的人才培养方案。

4.3 个教学保障,进一步改善实践教学环境

加强师资队伍建设和实践基地建设,为学校开展国际合作、学生跨文化交流和工程实践能力培养提供师资队伍和实践基地保障。

(1)师资队伍保障。建设一支"双师型、国际化"的师资队伍。加强具有生产实践工作经验的"双师型"师资队伍的培养和引进,实施青年教师进企事业单位实践进修制度,通过派遣教师到企业锻炼、进行科技开发等途径,提升教师的实践应用能力。同时,积极聘请校外专家、学者和工程技术人员担任学校的兼职教师,参与教学、实习、毕业设计和就业指导。加强教师国际交流。选派教师赴国外进修学习,聘请外籍专家,将国外先进的教学理念、教学内容和教学方法融入学校的教学工作之中,推进应用型人才培养教育教学改革。

(2)实践基地保障。加强与能力培养要求相适应的实践教学基地建设,包括校内实践基地建设和校外产学研合作教育基地建设。与国内知名企业合作,共建实验(实训)中心,搭建校企联合育人平台,为学生营造掌握行业最新设备、最新技术和了解企业文化、培养工程意识的环境。信息学院与杭州计算机行业相关公司合作建立"大学生就业(实践)基地",开展大学生"实习+就业"一体化,为学生企业实习实践提供保障。

4.4 实施教学改革,确保实践效果

应用型人才培养着重要从教学内容、教学环节、教学方法、教学手段、考核方式、教学管理与组织方式改革等方面开展教学改革。

(1)调整课程结构,增加应用性、实践性的课程。其次,积极践行实践教学改革,变过去的重知识传授为重知识策划和组织,灵活应用教学方法,如任务驱动法、分组、分层次教学方法等。引入案例教学,激发学生学习兴趣。既要展示让学生看到趣味性,还要让学生体会到实用性。为培养学生的综合素质和创新能力,推行第二课堂教育。开设和加强开放性实验的管理,以开放性实验为平台培养学生综合应用能力和创新能力。

(2)运用多种教学手段,根据网络资源建立有效的教学平台。如网络课程教学、案例教

学、项目教学、虚拟实验室教学,使抽象的思维形象化,复杂的理论简单化,提高教学效率,优化教学效果。我们进行了以培养学生自主学习能力为导向的 C 程序设计课堂教学改革与实践。引人 MOOCs 教学,开展了基于线上线下混合的 C 语言程序设计教学实践。

(3)实验课教学中要注重优化学生的思维结构,培养学生有效的思维习惯。学生的思维能力是各种专业能力的基础,在课程学习过程中锻炼并提高思维能力是训练思维能力的最直接方式。为了更好地进行程序设计语言的教和学,提出程序设计课程应以计算思维为核心思想的教学理念,探索计算机程序设计课程教学中计算思维能力培养[5]。

(4)重视过程管理,注重全面评价体系,客观评价学生的实践能力。如为防止"打酱油"式的实习,尝试多元考核学生实习效果[6]。

5 结束语

应用型人才培养改革,有利于破解大学生"就业难"的社会问题。应用型本科院校人才培养方式改革,首先要纠正大学生自身的定位偏差,解决学生"眼高"的问题。其次,应用型人才培养改革要转变学生的培养模式,解决学生"手低"的问题。

按照"优化知识、强化能力、提高素质"的教学改革要求,科学构建应用型人才培养的理论、实践教学体系,强调科学知识和方法应用,着力培养学生获取知识、提出问题、分析问题、解决问题的能力,具备良好的综合素质,从而培养出适应社会发展的应用型高级专门人才。

参考文献

[1] 麦可思研究院.2015 年中国大学生就业报告.北京:社会科学文献出版社,2014.
[2] 潘懋元,周群英.从高校分类的视角看应用型本科课程建设.中国大学教学,2009(3):4-7.
[3] 陈小虎.新型应用型本科院校改革发展的十个困惑与思考.中国大学教育,2014(7):11-20.
[4] 赵东福,罗朝盛.应用型本科人才培养模式的改革与创新.浙江科技学院学报,2010,22(5):337-341.
[5] 张银南,罗朝盛.Training for Computational Thinking Capability on Programming Language Teaching. Proceedings of 7th International Conference on Computer Science & Education,2012(7):1804-1809.
[6] 张银南,魏英.应用型本科院校计算机基础课程改革与实践.计算机教学研究与实践——2014 学术年会论文集.杭州:浙江大学出版社,2014.

基于合作办学专业的国际化人才培养探索

向　琳　陶海军　周杭霞　陆慧娟

中国计量学院信息工程学院，浙江杭州，310018

摘　要：本文基于中国计量学院合作办学专业，构建国际化人才培养模式的研究与实践，探索从"课程国际化、教材国际化、师资国际化、管理国际化"到"人才国际化"的人才培养新途径，进一步深入探究对国际化专业人才培养模式及其教育教学方法的改革，以此提高国际化人才培养的质量。

关键词：人才培养；合作办学；国际化

1　引　言

国际化人才培养是当今世界经济全球化的客观要求，更是中国经济迈入国际社会而进入全新发展阶段的必然要求。信息化是 IT 行业的焦点，信息化的实现，除了需要技术支持，人才也是很重要的环节。目前，我国软件高级人才的短缺已经成为制约我国软件产业快速发展的一个瓶颈。如何培养与国际接轨的高素质计算机人才，已经成为中国软件产业的当务之急。

由于 IT 产业的发展特点，国外在信息教育方面领先于我国，受金融危机影响，国际经济下滑，国外 IT 教育产能过剩，在此时机，把国外的优质教育资源引入我国[1]，一方面有利于培养信息行业国际化人才，满足我国日益增长的软件人才需求；另一方面有利于提高我国的 IT 教育水平，促进教学改革，减少培养成本，提高人才培养的竞争力。

加强教育国际交流合作，提高教育交流合作水平，充分利用国内、国际两种教育资源，借鉴国外先进的教育理念和有益的教育经验，引进优质教育资源，提升我国教育的国际地位、影响力和竞争力，已经成为党和政府的共识。随着高等教育国际化的不断推进，中外合作办学作为一种新的办学形式蓬勃发展。根据教育部网站公布的数据，截至 2013 年 2 月，中外合作办学机构项目总数达 1780 个[2]，如何把国外优质教育资源本土化，对国际化的软件人才培养不可或缺。

引进国外的优质教育资源，实质是在结合中国国情的基础上通过有效消化吸收外方资源，创造出既与国际接轨、又具有中国特色的学科专业和人才培养模式。学术界对什么是优质教育资源、如何合理引进与有效利用等问题展开了深入探讨。归纳为：第一，优质教育资源具有多样性与层次性；第二，优质教育资源具有实用性；第三，优质教育资源具有互补性；第四，优质教育资源具有过渡性。另外还有专家对如何引进国外先进的优质教育资源等问题也展开研究。有关这方面的文献有：专著《中外合作办学教育学》[1]、学术论文《中外

向　琳　E-mail：xianglin@cjlu.edu.cn

项目资助：本项目得到校教改项目（HEX2013011）和合作办学专业校级教改项目资助。

合作办学引进优质资源的思考及对策》[3]等。

美国教授哈若瑞(M. Harari)认为国际教育包括课程、学者和学生的国际交流、与社区的各种合作计划、培训、管理服务，还包括明确的赞同、积极的态度、全球的意识、超越本土的发展方向，并内化为学校的精神气质。

近年来，西方发达国家对国际化专业人才培养越来越重视，并将其视为提高国际竞争力的重要基础。《美国2000年教育目标法》中明确提出"采取面貌新颖、与众不同的教学方法，使每个学校的每个学生都能达到知识的世界级标准。要通过国际交流，努力提高学生的全球意识和国际化观念"[4]。韩国"21世纪委员会"则提出：努力提高学生的国际化意识，包括提高外国语能力，增强自主的世界公民意识，加深学生对各国多种多样社会、文化知识的理解，制订系统的国际问题研究计划[5]。澳大利亚则通过提供多种形式的国际性课程，介绍外国历史、地理、风俗等，使学生全面了解国际社会的政治、经济、文化、历史等状况；在传统课程中增加国外的知识或国际观点，并加大国际知识、比较文化和跨文化的比重，同时把国外最新的科技和文化成果补充到教学内容中；规定部分国外学习课程[6]，等等。裴文英倾向于通过国际化办学来培养国际化人才的思想，并对国际化办学模式进行专题研究，概括出引进课程培养模式、双学位培养模式、学分互认学生交流模式、创新型人才培养实验模式、"国内学历教育＋国外执业资格教育培养模式"等国际化合作培养专业人才的几种典型模式[7]。卢江滨等人认为应在国际化专业人才培养中引进社会机制推动学生出国交流，扩大学生出国规模，同时加强教育教学管理人员的海外培训等。还提出应具体从优化课程体系、课程内容国际化和建设国际化师资队伍等方面构建国际化专业人才培养模式[8]。刘正良则系统地提出了在国际化人才培养中应注重建立国际化的人才培养标准和课程设置，倡导以能力为本位的教学方法和产学研结合的人才培养途径，以及建立以学分制为中心的人才培养制度等[6]。

随着教育国际化的进一步发展，中外合作办学在我国迅速发展起来，中外合作办学是高等教育国际化的重要形式，是高等教育事业的有机组成部分。中外合作办学发展所取得的成就和面临的各种问题，已经引起理论界专家学者、广大教育工作者的高度重视，并且取得了丰硕的研究成果，进一步推动中外合作办学的发展。本文基于我院合作办学专业，构建国际化人才培养模式的研究与实践，探索从"课程国际化、教材国际化、师资国际化、管理国际化"到"人才国际化"的人才培养新途径，进一步深入探究对国际化专业人才培养模式及其教育教学方法的改革，以此提高国际化人才培养的质量。

2 基于合作办学专业的国际化人才培养

通过合理的引进国外优质的教育资源，包括课程体系、教师、教学方法、教学手段、管理模式、评估体系等，整合中外方特色课程，打造国际化课程体系，利用项目搭建平台，促进师资队伍建设，推动我院国际化专业人才的培养。

2.1 整合中外方特色课程，打造国际课程体系

在课程体系建设方面，重点优化具有国际化特色的课程体系，培养更多高质量的国际化视野的IT专业人才；培养学生的国际交流能力，以IT服务课程为主，提供特色课程，使

学生建立IT服务的相关技术基础。

基于合作办学,引进新西兰奥克兰理工大学实践的教学理念,运用现实存在的问题帮助学生学习先进的计算机和数学技术,能创造并使用先进科学技术,建立、提供和支持计算机和数学解决方案。利用该学院根据全球信息技术发展趋势与美国IBM公司联合开设的"信息服务科学与技术"专业(IT Service Science),结合软件工程和信息服务科学两个领域,进行专业核心和特色课程建设。课程分为以下几个模块:公共基础模块、学科基础模块及专业课程模块。公共基础模块主要培养国际IT人才的基本素质,以数学及语言类课程为主,部分引进外方课程,重点培养学生的国际交流能力及数学思维,为专业课程的学习做准备。学科基础模块以程序语言、数据库类课程为主,主要由中方提供,进行双语教学,部分引进外方课程,旨在培养学生的编程能力,建立软件开发的相关技术准备。专业课程以IT服务课程为主,主要由外方提供特色课程,旨在使学生建立IT服务的相关技术基础,建设外语授课特色课程群。

在教育模式上采用先英语,后专业课程的模式,所有课程均采用双语和英语授课。专业核心和特色课程建设综合新西兰奥克兰理工大学的软件工程和IT服务科学专业的课程,引进新西兰奥克兰理工大学教师对合作办学的学生直接利用英文进行全英文授课,并充分利用外方要求的撰写全英文报告作为每一门课程实践训练,提高学生学习知识和利用知识的能力。注重培养学生的各项能力,过去学生都是被动地接受知识,利用中外合作办学模式,帮助学生养成自主学习的习惯,培养学生解决实际问题的能力,在学习过程中不仅让学生学到一般科学知识和科学方法,更是获得一种思维训练,能够发现事物异同的敏锐洞察力。

在本专业合作办学基础上,进一步引进更多优质外教来校,逐步提高本专业教师外语授课比例和水平;选派教师出国不少于半年进修和访问学习,提升教师自身的教学和科研水平,使他们分步完成"国内助课"和"国外进修"的"专业知识与教学技能两次培训",考核合格后走上讲台用外语按照外方的模式授课,有利于国外优质教育资源本土化和国际化人才培养。

2.2 转变观念,以引进优质教育资源为核心

中外合作办学的根本目的在于引进优质教育资源。但是,目前对"中外合作"、"引进优质教育资源"的理解简单化、狭隘化,认为优质教育资源的引进不过是在培养方案、课程设置中引进了多少门外方课程、采用了多少本外方教材、有多少外方教师承担了多少门课程多少学时的教学任务而已,而对引进借鉴国外先进的办学理念、育人理念、教学管理方法和质量评价体系等却没有给予足够的重视。

要转变观念、以引进优质教育资源为核心。提高认识,牢固树立"中外合作办学的根本目的在于引进优质教育资源"的办学指导思想。这包含两层意思:一是要把引进优质资源放在中外合作办学的首位;二是要全面理解"优质教育资源"。"培养什么样的人"和"如何培养人"决定着人才培养模式的内容和特点。坚持以学生为中心,课内与课外相结合,科学与人文相结合,教学与研究相结合。注重训练学生的独立思考、开放性思维和批判性思辨能力,教学内容注重多学科知识交叉,强调教育的实践目的。有效利用和借鉴国外优质教育资源与成功经验,通过融合中国传统教育的精髓而整合出富有中国特色的国际化人才培

养模式;通过将引进的国外大学课程中的核心课程和专业课程嫁接到我国现行的相关专业的核心课程和专业课程体系中,整合出富有中国特色并与国际先进教育理念、人才培养规格接轨的课程体系,促进国际化人才培养。

2.3 改革教学模式,以学生为中心,改进教学内容与方法

中西方育人模式存在很大差异。中国的育人模式注重基础和知识的获取与传承,西方的育人模式注重创新能力和学习的主动性,两者间具有互补性,若能够有机结合,则能够创造出更有利于学生成长成才的育人模式,这也正是中外合作办学的目的。要充分发挥班级规模较小、教学条件较好、引进原版教材,外方专业课教师承担教学任务的优势,从与外教的经常性近距离接触中感悟西方"教与学"的文化,学习借鉴先进的教学理念、内容方法,尊重认知规律,从激发学生的兴趣、调动其主动性出发进行教学设计;内容理论联系实际,与时俱进,例证丰富、实用性强;教学方式灵活多样;传统与现代教学手段并用,有效发挥媒体技术在创设情境,帮助学生全方位、多角度感悟理解新知识方面的优势和作用等等。

引导教师对传统教学方法进行改革,采用国外研究讨论式教学。研究讨论式教学是注重对学生分析问题、解决问题的能力培养的重要教学手段,在国外课堂教学中普遍运用。这种方式能够让学生在课后和课前主动学习,查阅资料,编写研究报告并在课上以Presentation(宣讲)的形式展示给同学,培养自我判断能力、分析能力和沟通能力。中外双方教师积极地将研究讨论式教学方法引入课堂,开展能动性教学活动,引导学生结合国际国内热点问题做主题发言,教师点评,并计入考核成绩。

2.4 引进先进的教学管理系统

作为国外常规的教学管理手段,Blackboard 系统由外方合作校引入。该系统兼有组织教学 AUTonline 和教务管理 Arion 两大功能。在该系统的支持下,教师教学的各个环节以及学生的学业情况全部体现在系统管理和监控之下,能够使教师充分展现出独具特色、科学合理和富有效率的教学方法与考核方法,极大地方便了师生互动、学生自主学习,特别是学业考核中的作业完成、分组活动、单元、期中、期末测试,以及学生平时通过题库进行自我测试等温习活动,学业完成后所有评分考核环节全部在系统体现,并能够自动按各项权重进行综合评价,得出学生该门课程的最终成绩。该系统有效促进了学生课堂学习的积极性,课后学习的自主性;通过该系统的学业过程考核,能够方便加大平时成绩比重,克服应试教育的弊端。

2.5 组建国际化、高质量的师资队伍

师资队伍的建设是促进国际合作办学模式发展和实行的主要力量,利用中外合作办学的渠道,加强师资的培养。在国际合作办学中,教师要接触到更多的来自国外的信息资源和专业知识,这就需要各教师转变思想,用更加国际化的眼光看待自己所教授的课程,能够根据自己原有的知识水平结合国外的理论知识更好地教授学生。

通过中外合作办学项目开展教师互派,通过进修、考察并将教学、实验和科研成果带回来,以利于在较短的时间内形成自己的师资队伍,培养和造就一批有较高学术水平和外语水平、有较强国际合作能力和管理水平的师资队伍和管理队伍。

中方教师轮流派到海外从事教学活动,丰富其教学阅历,培养其科研能力,同时聘请的国外教师来校讲授专业课,充分发挥外教和专职教师的优势。国际化的师资队伍不但是国际化课程教学的有力保障,也烘托了国际化文化环境和氛围。

2.6 构筑实践基地,提供国际化培养平台

了解市场对国际化专业特色的 IT 人才需求,了解企业对毕业生的评价并综合分析,加强对学生创新实践能力和国际化的培养,学生到企业的实践活动可根据实际情形,形成多层次、多方面的合作。包括参观实习;顶岗锻炼;带薪假期实践;到企业进行毕业设计;利用企业资源实现校内培训等。遵照教育规律和人才成长规律,对国际化专业学生构建有针对性的实践教育方案(国际化为特点),积极推动校外实践教育模式改革,由参与共建的校企双方共同制定校外实践教育的教学目标和培养方案,共同建设校外实践教育的课程体系和教学内容,共同组织实施校外实践教育的培养过程,共同评价校外实践教育的培养质量,提供国际化培养平台。

3 结束语

本文基于我校合作办学专业,通过引进国外优质教育资源,教育理念、教学模式、课程体系比较与研究,从引进、吸收、消化再到创新,开展了合作办学专业特色化建设的探索和实践,提高了师资素质,构建国际化人才培养模式,进一步提高人才培养质量。

参考文献

[1] 林金辉,等.中外合作办学与高水平大学建设.厦门:厦门大学出版社,2013:15-20.

[2] 教育部门户网站[EB/OL]. http://www.moe.gov.cn/5.

[3] 叶光煌.中外合作办学引进优质资源的思考及对策.集美大学学学报,2008(2).

[4] 张华英.人才国际化与国际化人才的培养.福建农林大学学报:哲学社会科学版,2003(6):81-83.

[5] 李庆领,吕耀中.论国际化专业人才培养的意义及策略.青岛科技大学学报:社会科学版,2007(6):101-104.

[6] 刘正良.发达国家国际化专业人才培养模式的改革与启示.现代教育科学,2009(1):18-22.

[7] 裴文英.高校发展视野中国际化人才培养研究.江苏高教,2007(6):79-80.

[8] 卢江滨,李晓述.中国高校国际化专业人才培养的践行与展望——以武汉大学为例.武汉大学学报:哲学社会科学版,2009(6):77-81.

实验室建设与网络辅助教学

普通高校实验室管理的探索与思考

黄海锋

浙江海洋学院数理与信息学院，浙江舟山，316004

摘　要：随着高等院校的教育事业的快速发展，高等院校的教育面临着新的形势、任务，在越来越重视培养大学生实践能力的今天，实验室已成为学校实力的体现，而计算机实验室则是其中的代表，实验室管理的改革已在各高校展开。本文分析了当前普通高校计算机实验室管理存在的问题，并针对存在的问题提出了对实验室管理改革的一些对策和建议。

关键词：高等院校；计算机实验室；管理；改革

1　引　言

在现代社会经济高速发展的大前提下，整个社会对人才的需要也是与日俱增，并且每个用人单位对人才的要求也越来越高。他们已经不仅限于专业知识方面的需求，而是更注重综合素质的全面发展。计算机技术成为现代社会人才必须要具备的一项基本技术。随着新时期高等教育的改革，高等院校在教授理论知识的同时更加注重培养学生的实践能力，培养复合型人才成为高校人才培养的重点。目前，高等院校对实验室的建设和管理越来越重视，投入了大量的人力、物力和财力，力求改善实验教学环境和条件，不管是从计算机的软件和硬件上，还是从教学师资力量上都在不断增加。但是我们要做好计算机实验室的管理工作，使得计算机实验室的教学设备都能更加有效的被利用，充分发挥计算机实验室的作用。[1]

2　普通高校计算机实验室的管理存在的问题

（1）管理规章制度不够完善和明确，执行力度不够。高等院校制订的实验室各类管理规章制度很多，但最后都变成了为了桌面上的摆设、墙上的装饰品。其问题在于大家在制订规章制度的时候，没有关注制度的执行力，或者没有关心执行的持久性，缺乏维护和执行制度的思想[2]。很多老师和学生天天在实验室，但根本不了解实验室的使用规范和注意事项，有的甚至看都不看墙上的文件。而管理部门也缺乏对这方面的重视，监管不严格，例如对学生带吃的东西进实验室，很多老师都没有制止；另外很多老师将实验室当成自己的研究室，让自己的研究生随意进入实验室，而没有认识到所带来的卫生和安全问题。

（2）计算机实验室的利用率不高。高等院校在计算机实验室建设中往往要求实验室计

黄海锋　E-mail：119064672@qq.com

算机能够进行多种类别的实验。在计算机资源短缺的单位(如公共计算机实验室)通常采用在一台计算机上安装各种类型的大量的应用软件和系统软件来实现;对于计算机资源相对宽松的单位(如计算机专业实验室)则采用了建立软件实验室、网络实验室、信息安全实验室、应用实验室等多个分实验室来实现上述目标。[3]公共计算机实验室不仅仅只是为了学生的计算机学习和实训培训而存在,还具有一些考试培训和计算机等级考试的任务,这造成学生自由练习的时间减少,不能作为学生的学习科研基地。计算机专业实验室只承担专业课教学,相对空余时间较多,但平时没有对学生开放,大部分时间处在闲置状态,利用率低。

(3)计算机实验室的日常管理和维护工作重。在高等学校中,因为计算机实验室的使用的人流动性很大,而且使用者的操作水平有限和参差不齐,甚至有的学生不能按照相关的规定进行操作和使用,所以就容易造成计算机的病毒传播和一些系统文件的破坏。另外有一些计算机的使用时间很长,硬件开始老化和出现问题,再加上一些人为因素的操作不当,所以使得计算机很容易出现问题,经常不能正常的使用。学生的素质也是参差不齐,有些学生不很好地做到爱护公共的环境卫生,造成计算机实验室的脏、乱、差的情况,这些都会给计算机实验室的管理和维护工作增加任务。[4]

(4)对实验管理队伍继续教育不够重视。在很多高校有"为了学生的一切,为了一切的学生和一切为了学生"的思想,都以追求教学质量,一切以教学为主的思想办学,围绕着培养优秀的教学团队制订一系列相关的政策、制度。而计算机实验室作为教辅资源,各高校的实验室管理大多是闭门造车的管理形式,对内缺少支持,对外缺少沟通交流,大家都生活在自己的模式中,对外界的先进管理及技术是一无所知,遇到问题只能自己摸索,没有成功案例可以借鉴,这加重了管理人员的工作负担。同时,各高校对实验室管理队伍往往不够重视甚至有边缘化的趋势,对实验室管理人员的工作、学习、待遇等各方面都有所区别对待,造成管理队伍人员的人心不稳,工作积极性不够,这些因素都影响了实验室管理的水平,从而影响了日常教学质量。[5]

3 计算机实验室管理难点的应对措施

我们要很好地解决高等学校计算机实验室管理的难点问题,最根本的方法还是要从以下几个方面进行,加强相关老师学生和整个机房的管理。

(1)根据学校的自身情况,完善实验室管理规章制度。实验室开放要求实验室在仪器设备方面更要注重管理,因此,首先要建立健全管理制度,建立工作人员岗位职责制,及时记录设备维修及使用情况,建立起仪器设备管理登记制度,保障仪器设备正常使用,并制订仪器设备安全细则和操作规程。[6]其次,根据实验室开放的时间、开放课程内容、实验的项目,进行实验室统筹管理,提高设备的利用率,极大限度地发挥实验室的综合效益,避免造成资源浪费,促进资源有效整合。第三,制订合理的预算经费方案,保障科研项目的正常运行,避免经费的浪费。第四,规范学生的实验操作规程,避免对仪器设备的损坏遗失。第五,上课老师和实验管理人员要加强巡视和督导,对一些不规范的做法要及时纠正,相关部门也要定期检查,加强规章制度的执行力度。

(2)加强实验室开放,促进资源共享。通过高校实验室的开放,能够有效促进在学术、技术、科研信息等方面开展多种形式的交流与合作,提升高校科技研究水平和学术地位。实验室的开放是教学与科研方式的创新,为基础研究以及更高层次的科学创新研究提供条件。实验时间应安排得更为灵活,使学生摆脱教学时间安排的限制,让学生有充分的时间与机会进入实验室进行科学研究,实验内容包括实验课程、实验项目、研究课题等,不仅要求其实验内容开放更具有创新性,还要求教师不断更新知识,提高自身理论指导水平。

实验室应全方位、高水平、高层次和实质性的开放和交流合作,逐步实现实验室资源共享和开放,优化资源分配,充分合理利用学校教学资源,搭建教学实验室资源网络共享平台,实现资源共享,提高实验室资源利用率。

(3)加强实验人员培训、提高实验人员素质。高校各级领导应充分认识实验室在现代化大学建设中的重要地位,提高人员素质是搞好实验室工作的核心的思想,制订落实各项政策,吸引高素质人才从事实验室工作。着实打造一个爱岗敬业,年龄、职称结构合理,充满活力的实验教学师资队伍。加强对实验技术人员的培训,构建新的实验人员业务培训体系,采取定期培训,岗位辅导,送往外校深造,送生产厂家培训,出国留学等多种形式,不断提高实验技术人员的知识、技能,保持实验室建设和发展的生机与活力。

4 结束语

计算机实验室的发展是一个高等学校的办学宗旨和理念是否先进的一个很重要的参考指标。建立了先进的计算机实验室,我们还应该要建立一套完善合理的管理制度来改善管理过程中出现的一些问题和难点,把实验室建设、实验室管理、实验教学和科学研究有机统一起来。提高设备的利用率和使用率,使实验室更好地为教学、科研、生产服务,最大限度地发挥实验室的投资效益。

参考文献

[1] 路素青,于春霞.浅谈民办高校实验教学示范中心建设.黄河科技大学学报,2010,12(6):21-22.
[2] 李伊芬,侯文海.浅谈高校实验室建设的不足与完善.实验室科学,2007(5):110-112.
[3] 林卉,等.高校开放实验室的建设与管理.实验技术与管理,2010(3):152-155.
[4] 张淑玲.浅析高校实验室管理中存在的问题及对策.实验技术与管理,2006(1):94-95,106.
[5] 朱健平.实验室建设的关键是实验技术队伍的建设.实验室研究与探索,2004(10):81-83.
[6] 陈仁森.高校实验室与设备管理系统的安全策略与实施.广州城市职业学院学报,2008(8):48-51.

基于 UNTIY3D 的物理光学虚拟仿真实验设计

李知菲　卓旭亚

浙江师范大学,浙江金华,321004

摘　要:针对物理光学实验注重实验实践、实验仪器设备对学生操作水平高和仪器精密实验时易损坏等问题,本文在充分分析了物理光学实验教学现状的基础上,提出了基于 UNITY3D 的物理光学虚拟仿真实验设计,以经典光学实验迈克耳逊干涉仪虚拟仿真实验的设计为例详细论述了设计过程,给出了基于本文设计系统的实验教学设计。经过多轮教学实践,证明了本文设计的系统仿真度高,使用灵活,教学效果良好。

关键词:虚拟仿真实验;UNITY3D;物理光学;虚拟交互

1　引　言

光学是大学物理课程的重要组成部分,无论是面向非物理学专业开设的"大学物理",还是物理和信息技术等相关专业的"基础光学"、"物理光学"或"信息光学"等课程,其中都包含光学的内容。同时,随着激光技术、光通信技术、量子光学、光电子学和光子技术等现代光学技术的高速发展与广泛应用,使得光学部分的教学愈发重要和迫切,对学生掌握该类知识与技能的能力要求越来越高。

而物理光学的教学特别注重理论与实践的结合,教学时着眼于光学的基本原理及内容,侧重相关实验现象的分析和理解,通过相应仪器的实践操作培养和学生综合分析能力的提高,最终达到理论教学与实验教学的融合统一。为了更快更好地达到此目的,国内外教师和专家从教学的方法、手段、环境以及教研结合等方面做了许多研究,得出了一些适合于光学实验教学的方法,如多媒体教学法、课堂演示教学法和虚拟仿真[1-3]教学法等。其中的虚拟仿真教学法特别受到学生的喜欢,虚拟仿真实验教学以多媒体计算机和互联网为平台,结合了计算机虚拟现实技术、多媒体计算机技术、人机交互技术、数据库技术和计算机网络等技术,通过构建逼真的虚拟实验操作环境,使学生在自由开放、自主选择和深度交互的虚拟仿真环境中开展高效、安全且经济的实验。

本文对物理光学实验的教学现状进行了分析,对常见的虚拟仿真实验教学方法进行了研究,针对现有方法仿真真实度欠缺、交互功能偏弱和教学内容不完全等问题,提出基于UNITY3D 平台的物理光学三维虚拟仿真实验设计方法,并给出了以迈克耳逊干涉仪虚拟仿真实验为实例的具体设计过程。通过在 3 个不同专业的 5 门课程中的教学应用,师生反应较

李知菲　E-mail:zjnulzf@163.com

项目资助:浙江大学城市学院精品课程(JP1202),核心课程群(HX1102)。

好,本文设计的虚拟仿真实验真实度高,系统交互灵活快捷,同时提供了实验现象自动分析、实验过程记录回放、实验仪器切剖和虚拟拆装等功能,全方位多角度提供教学服务,调动了学生的学习主动性,增加了教学灵活性,提高了实验教学效果,利于学生的个性发展。

2 物理光学实验教学现状

大学本科的物理光学实验主要涉及光的测量、干涉、衍射和偏振等方面,一般实验包括菲涅耳双棱镜干涉及应用、迈克耳逊干涉仪的使用、法布里-珀罗(F-P)干涉仪的使用、双光源衍射法测量光谱仪狭缝宽度、衍射光栅分光特性测量、偏振光的获得与检测、电光调制实验和声光调制实验等一些典型内容。实验使用到的光学仪器多是精密贵重仪器,实验时对仪器和装置的调制要求很高,对实验环境、测量条件等均有限制和要求。

另一方面,传统的实验教学方法中学生在实际动手操作之前往往只掌握理论知识,对抽象概念的理解程度不一,普遍欠缺实践技能,甚至出现部分学生实验时无从下手,只能依靠教师在实验室反复讲解演示,实验效率低下,仪器设备的安全使用也难以保证,学生不但没有体会到物理实验特有的科学严谨精细之美,反而产生畏难甚至抗拒情绪,学习主动性下降,教学效果差。

为了解决上述问题,部分高校采用了 Virtual Lab 或 LabView 等虚拟仿真软件[4],或开发设计了类似上述软件功能的虚拟仪器软件,这类软件的特点是提供仪器设备的虚拟界面,当接收到输入数据或调制命令程序时由计算机模拟实验现象并输出实验数据。此类系统也可以通过网络远程访问,作为课堂教学的辅助手段,可以帮助学生用于课前熟悉实验流程和仪器调制,熟悉实验正确数据结果,在课后用于实验数据辅助分析等,能一定程度地提高学习效果,如图 1 所示的就是用 LabView 开发的阿贝-波特仿真实验系统。

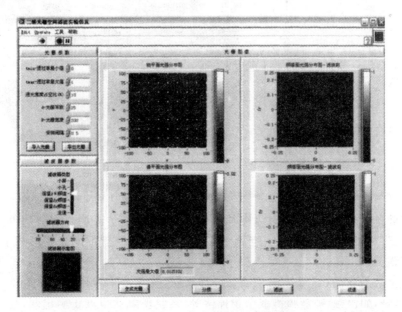

图 1　LabView 仿真的阿贝-波特实验

但是,目前此类虚拟仿真实验系统的真实感较差,学生无法全面地观察熟悉光学仪器的物理结构和运作原理,只能看看仪器调制界面。同时由于技术限制,对于实验现象的仿真做的也较差,不直观形象,往往只有数据形式的输出。

3 基于 UNITY3D 的虚拟仿真实验设计

学生在做物理光学实验时不但要求对实验输入输出的数值或图形图像进行熟悉掌握,同时也应能了解光学仪器的物理结构和基本原理。因此,很有必要在开发虚拟仿真实验系统时增加仪器的三维模型,特别是应该让学生能进行多自由度观察、虚拟调试和虚拟拆装。

本文采用 3DS MAX 软件对相关仪器进行建模后,选择了 Unity Technologies 公司开发的 UNITY3D 软件进行虚拟交互设计,完成了上述功能。UNITY3D 是一个三维互动开发工具,一般用于三维游戏的开发。与其他同类交互设计工具相比其在跨平台发布和交互设计上有较大优势。

下面,本文以迈克耳逊干涉仪虚拟仿真实验的设计过程为例,详细给出基于 UNITY3D 进行物理光学虚拟仿真实验设计的过程。

3.1 迈克耳逊干涉仪实验基本情况

迈克耳逊干涉仪实验是物理光学中的基本实验,一般涉及光学知识的课程都有教授,该仪器最初是为研究地球和"以太"的相对运动由迈克耳逊设计的,后来在光谱学和标准米原器校正中加以使用,是历史上最著名的干涉仪。它的结构简单,精度高,是许多现代干涉仪的原型。如图 2(a) 是迈氏干涉仪的光路图,图 2(b) 是实验用的仪器实物照片。

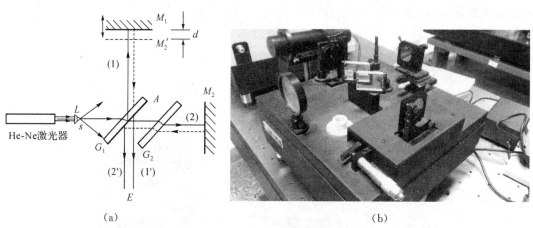

(a)   (b)

图 2 迈克尔逊干涉仪

这个实验的教学目的是:熟悉迈克耳逊干涉仪的结构,学会调节和使用迈克耳逊干涉仪的方法;观察和研究非定域干涉、定域干涉现象;观察和测量不同光源的相干长度;测定 He-Ne 激光波长。

要达到上述教学目的,学生必须实践操作,但迈克耳逊干涉仪的光学元件全部暴露在外,一旦被污染,如误触、唾液喷溅或杂物掉落等,实验现象就很难正确出现,甚至造成仪器损伤。另外,调节与测量时用力要适当,特别要注意调节 M_1、M_2 背面的螺钉时,用力不能过度,否则轻者使镜面变形,影响测量精度;重者将损伤仪器。移动 M_1 时,不能超过丝杆行程。要注意蜗轮副的离合,以免损伤齿轮。

上面的这些注意事项对于初次进行实验,缺乏实践经验的学生很难面面俱到地加以注意,因此非常有必要在实践前采用虚拟仿真的形式进行预习。

3.2 迈克耳逊干涉仪实验的三维建模与交互设计

本文先采用 3DS MAX 软件创建了迈克耳逊干涉仪的三维模型和实验台等必要的三维场景,具体可见图3。所有的仪器模型都严格按照真实仪器的尺寸比例构建,同时能动部分均可虚拟交互调制(通过鼠标的单击或拖拽动作进行模拟)。另外,按照仪器的物理构成和运作原理,通过装备动画和实时拆装两种方式较全面的向学生展示仪器的物理构造。

图3 在3DS MAX中创建仪器模型

模型构建完成后,对于实验中涉及的几个部分,即仪器的调制准备;非意域干涉条纹的调节和观察;测量 He-Ne 激光光波波长;等倾条纹的调节和观察;等厚干涉条纹的调节和观察;白光干涉条纹的调节和观察;测量钠黄光的相干长度等7个部分的交互设计主要通过键盘鼠标的动作定义和 GUI 界面的设计来完成,这部分在 UNITY3D 中进行,如图4所示。

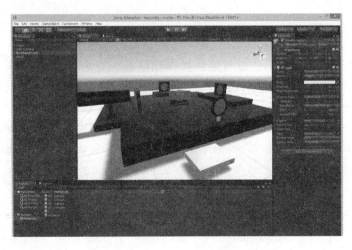

图4 在UNITY3D中进行交互设计

最终完成的虚拟仿真实验系统构建了一个较真实的三维虚拟实验环境,在此环境中,学生可以通过鼠标和键盘对迈克耳逊干涉仪进行交互操作,观察仪器和完成上文中提及的所有实验,相应的实验现象和数据也直观地在仪器的相应位置予以显示,具体如图 5 所示。

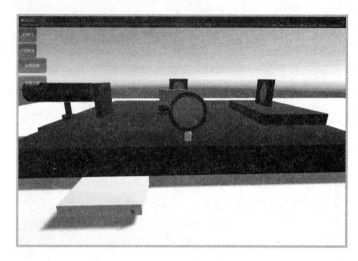

图 5　虚拟仿真实验系统界面

学生可以进行的虚拟仿真包括:

(1)仪器外观展示和虚拟拆装。可用鼠标控制观察视角实现多角度观察,能缩放和平移视角,支持切剖,可播放自动拆装动画,观察仪器构成,也可通过鼠标实时拆装,并支持一键还原;

(2)实验仿真。可用鼠标调制能动部件进行仪器调制仿真并完成指定实验,支持调制后一键回到初始状态;

(3)实验过程记录与回放。实验的调制操作可记录并回放,帮助学生通过回看操作动作纠正错误;

(4)实验现象一键截屏保存。实验数据可输出为文本文件,方便调用,实验现象支持一键截屏保存为图片文件。

3.3　迈克耳逊干涉仪虚拟仿真实验的教学设计

本文的教学设计采用虚拟仿真与实际操作相结合的方法,根据本次实验的特点,要求学生在课前登陆课程教学网,在线进行虚拟仿真实验,对实验的基本原理、仪器的基本情况和基本操作技术、实验的步骤和实验现象或数据有先期的了解,然后组织学生上机实操,通过实际操作仪器和观察记录实验现象完成实验,最后整理数据及相关文稿,撰写实验报告完成整个实验,在后面的两个环节里,学生随时可以登录系统进行虚拟仿真实验,或利用系统的演示功能、分析功能帮助实验进程的进行。

具体环节如下:

(1)课前预习环节:学生通过阅读教材和配套的实验指导书,熟悉和掌握本次实验的理论知识。

(2)理论教学环节:教师按预订教学计划进行课堂理论教学,对本次实验的知识点和基本原理进行讲授。

（3）虚拟仿真操作环节：教师在理论教学结束后，安排学生在本文设计的虚拟仿真实验系统上进行虚拟实验，一人一机，独立操作。学生通过多次的虚拟操作练习，熟悉本次实验的基本流程和仪器操作调制的方式方法，验证相关实验结果，为实际操作实验进行准备。

该阶段也可由学生自主安排时间登录系统进行在线操作，学生学习更自由，同时接受程度较慢的学生可多次练习，保证在实际进行实验前均达到一定水平。

（4）实际实验环节：完成虚拟仿真练习后，即可按照传统实验教学方法开展实际实验，锻炼学生的实践能力。

（5）总结撰写报告环节：完成上述 4 个环节后，对实验进行总结并按照实验指导书的要求撰写实验报告，最终上交教师批阅。

本文的实验教学设计充分利用虚拟仿真实验系统，构建真实感的实验场景，让学生进行自主探究式学习，极大地调动了学生的学习主动性，激发了学生的创新能力，提高了学生发现问题、分析问题进而主动自主的解决问题的能力。

4   结束语

虚拟仿真实验特别适合于实践性较强的物理光学课程的相关实验，相对于传统的讲练实验教学方法和一般的虚拟仿真系统，本文设计的基于 UNITY3D 的虚拟仿真实验系统优势明显，不但能作为课堂教学的有力补充，更能调动学生的学习兴趣，提高教学绩效。同时，对于光学实验中精密的光学仪器设备而言，本文给出的实验教学设计能从实验操作者，即学生的角度最大程度地降低实验风险，保护仪器设备。

参考文献

[1] 周世杰,吉家成,王华.虚拟仿真实验教学中心建设与实践.计算机教育,2015(9):5-11.
[2] 万桂怡,崔建军,张振果.高校虚拟实验平台的设计及实践.实验室研究与探索,2011(3):386-389.
[3] 任伟杰,李春林,宋维源.结构力学虚拟仿真实验教学研究.力学与实践,2015,37(2):257-262.
[4] 陈颖,黄文达.基于 Labview 的光学空间滤波远程虚拟实验.光子学报,2008,37(5):1071-1076.

计算机基础课程实验平台管理体制研究

徐 卫

浙江工业大学计算机实验教学中心，浙江杭州，310023

摘 要：为了探讨高校公共基础类实验平台的科学管理和规范化建设。以浙江工业大学计算机基础类课程实验室的改革实践为例，从实验室管理模式、运行机制和实验队伍建设几个方面探讨优化高校公共基础类实验平台管理体制的有效途径。

关键词：计算机基础；实验教学平台；管理体制；运行机制

1 引 言

实验室作为高校进行教学、科研活动的重要基地，对于促进高校学科建设及专业发展，提高教学质量，培养学生综合素质，确保各项科研学术活动的顺利开展，都具有十分重要的作用。随着计算机技术的飞速发展和教学改革的进一步深化，人们对高校实验室建设与管理的要求不断提高，迫切需要建立一种科学、规范、合理、高效的实验室管理新体制。本文旨在结合浙江工业大学计算机基础类课程实验室的改革实践，从实验室管理体制、运行机制和实验教学队伍建设等方面探讨优化高校公共基础类实验平台管理体制的有效途径。

2 计算机公共基础实验室建设现状

计算机基础实验室作为实践教学的重要基地，其管理的好坏将直接影响实验室的运行效率和课程的教学质量。由于计算机公共基础课程多、覆盖面广，涉及的职能部门也多，在不同的学校存在不同的管理体制，有诸如校、院、系的"三级管理"，有校、院"二级管理"，也有校级集中管理的"一级管理"[1]。

我校计算机基础实验室自从创建以来一直到 1985 年以前都是隶属教研室，多个学院都有开设计算机机房和基础实验室，由系（教研室）来管理。多年的教学实践证明，这种实验室归属教研室的传统管理模式曾起过积极的作用，但是也存在很多弊端：(1)实验室管理人员由教研室老师兼任，没有专职人员管理，实验人员流动性大，不利于实验室的长期建设和发展；(2)各学院单独设置实验室的情况容易存在重复建设，设备利用率低；(3)各实验室之间独立封闭，各为所用，不利于相互的技术交流；(4)管理模式上属于校、院、系（教研室）三级管理，各实验室多级分散管理的情况致使资源共享困难，难以形成完整的实验教学体系，不利于教学健康发展。

徐 卫 E-mail：xw@zjut.edu.cn

为克服上述弊端,从 1985 年开始,学校相关部分经过分析认证,对计算机基础实验室的管理体制进行初步改革和尝试,整合了各院系同类的计算机实验室,成立了学校计算中心,设置为面向全校的独立教学部门。计算中心的成立,将全校的计算机基础实验集中,组成量大面广的计算机类基础实验课程,由中心实验室成员承担指导任务,并进行独立考核,形成了相对完整的实验教学体系。实验教学的质量和实验设备的利用率明显提高,集中管理下的实验室变得布局合理、资源重复共享,有效提高了实验室正规化建设水平。

但是,随着学校教学改革的发展,又经过多年的实验教学实践,这种中心实验室的管理模式也出现了一些新的问题。主要体现在:(1)由于中心实验室和各院系教研室为互相独立的部门,实验教学与理论教学衔接不好,在教学计划安排上容易各行其是;(2)实验教学和理论教学人员隶属于不同部门,实验教师和理论教师缺乏足够的沟通和交流,造成实验教师缺乏理论上的提高,理论教师缺乏必要的实验技术锻炼,不利于教师业务能力的全面提升;(3)集中管理的模式使实验室与教研室脱钩,校级中心实验室统一管理的模式在教学和科研方面缺少学科依托,容易出现教学和管理脱节,不利于教学改革的开展和教学质量的提升。

为了解决新出现的问题,20 世纪 90 年代后期学校将计算机基础实验室由校计算中心实验室划归计算机学院管理,整合教学师资力量,使计算中心实验室依托计算机学科相关专业以提升实验教学质量。由中心实验室承担的全校计算机基础类课程仍然实行单独设置,单独考核,实验教学与理论教学的师资进行定期轮换尝试,年轻教师到实验室锻炼,实验室人员也承担一些理论课的教学。这样做使实验室人员和理论教师的交流得到改善,实验教学质量得到一定程度的提升。但是这样一来又变成校、院、室多级管理的模式,跨学院之间的交叉工作核算繁杂,实验中心承担外院的计算机课程实验积极性不高。人员流动灵活也造成管理上的困难,实验室人员工作不安心、理论教师不愿到实验室工作的现象时有出现。

经过多年的实践,我们认为传统的实验中心管理体制还必须进一步的改革和优化。仅仅靠简单的拆分与合并解决不了根本问题。需要通过不断改革创新,探索一种更科学有效的实验室管理体制[2]。

3 管理模式改革

新型的实验室管理体制必须能够适应新时期专业建设和教学改革发展的要求,必须能够有利于实验室由单一的教学功能转变为教学、科研和服务的多种功能,必须能够有利于实验室长期发展;必须能更好地为学校人才培养服务,成为实验教学、科学研究和学术活动的平台。为此,我们依照"抓基础,重技术,强实训,促创新,育人才"的实践教学总体指导思想,坚持"以学生为本,知识传授、能力培养、提高综合素质"的教育理念和"以创新能力培养为核心"的实验教学观念,建立了一种以实验教学中心为主体,以学院相关专业、学科为辅助的实验室管理新体系。

新的管理模式的做法是将原有的计算中心、软件实验室、硬件实验室和网络实验室等覆盖面较广的专业基础实验室通过优化、组合、充实、提高,建立全校的综合性计算机实验教学中心,由学校聘任院(系)领导担任中心主任,实验教学由实验中心和学院共同承担,形成学校宏观管理、教学上依托计算机学院、实验中心具体负责的网络化管理体制。学校资产部门对实验中心的建制、资产和经费等方面实行宏观管理,具体事务由实验中心自主管理,中心统一安排和管理教学业务,具体实验教学由实验中心和计算机学院共同承担。

这种网络化管理模式的优点体现在:(1)实验中心的建设方式,学院不再参与中心的具体管理事务,避免了多级管理的过度分散管理方式,也避免一级管理的过度集中方式;(2)教学上依托计算机学院,由院系和实验中心共同承担实验教学,可以杜绝理论教学与实验教学脱节的现象;(3)实验中心在一定程度上打破了以往传统管理体制下各实验室之间各自建设的壁垒,优化了资源配置,充分利用实验教学资源,实现各类资源高度共享[3]。

从 2010 年以来,实验中心按照这个模式进行了系统、全面的建设,于 2014 年被评为浙江省实验教学示范中心。目前,实验中心下设 3 个大类实验室,包括 12 个计算机公共基础实验室、7 个计算机专业基础实验室和 2 个创新实验室,拥有实验用房 3000 平方米,各类仪器设备 2800 多件,价值 1700 万元。中心是面向全校的综合性计算机实验教学大平台,承担全校 67 个专业 3 万多名学生的计算机类的公共基础课程、专业基础课程和毕业环节等相关实验教学任务,同时面向全校学生开展各类科技竞赛活动并提供实习实训基地,开设实验课程数超过 70 多门,每年完成实验与实践教学 100 万多人时数,成为全校覆盖面最广、学生受益面最大的实验中心。

4 运行机制改革

4.1 创新实验教学体系

针对计算机基础类课程的实验教学"量大、面广"的特点,中心大力改革了实验教学体系,对实验课程体系进行了全面规划,针对不同专业、不同层次类别学生的培养要求,分阶段、分模块、分层次安排实验教学,构建了以公共基础实验、专业基础实验、自主实验、创新实验为主的四个层次的模块化递进式实验教学体系[3,4],如图 1 所示。

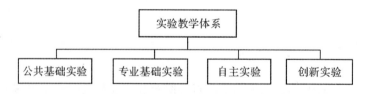

图 1　模块化、递进式的实验教学体系

公共基础实验模块主要面向计算机基础课程,对非计算机专业注重计算机基本知识的传授和应用能力的培养,对计算机专业则注重培养学生的学科基础技能和基本工程素质。专业基础实验模块面向计算机相关专业的基础课程。各类相近的课程以课程群的形式组织,每个课程群团队由 4~6 名专职教师和 1~2 名实验技术人员组成,选择教学经验丰富的高级职称教师担任团队负责人,团队成员共同讨论课程的培养计划和教学大纲。专业基础实验模块注重培养学生知识更新、独立分析解决问题的能力。自主实验模块面向学生自主开放实验、课外科技活动、毕业实践和实习实训,注重学生自主学习、综合应用能力的培养。创新实验模块主要面向大学生创新研究型实验以及各类大学生科技竞赛活动等,注重发挥学生个性,突出培养学生对计算机学科知识的融会贯通,培养学生的实践动手能力和创新精神,全面提高学生的综合素质。

4.2 创建开放实验教学平台

不断探索开放实验教学,真正实现了时间上、空间上的对外开放[5]。除了基础类实验室全天候开放,可以通过自主刷卡系统进行有效的管理,还创建了学生创新实验室,进行开放式实验教学,成为大学生科技竞赛的实验场地,服务于学生的创新实践教学;建设了计算机基础课程网络教学平台,学生可在网络教学平台上进行与教师互动交流、提交作业和下载教学资源等,提高了教学资源的共享程度,实现了实验教学资源的信息化管理;开发了实验室管理系统,实现了实验设备管理、实验预约、实验安排等功能。

4.3 加强中心制度建设

管理制度建设,是实验中心实施科学化管理、规范化建设的必要条件。除了学校规定的实验室规章制度外,近年来,我们在实验中心建设与管理过程中根据各大类实验室的特点制订细化的分室制度,逐步建立起一套针对性强、切实可行的规章制度,包括相应的教学管理制度、实验室安全制度、实验守则、开放制度、培训制度、设备管理制度、指导教师工作职责等。确保正常实验教学工作有序进行、管理有章可循。同时,加强实验中心的规范化管理,建立实验工作日志、运行记录、仪器操作规程、设备使用登记、维修记录、借用记录等文档的日常管理规范,促进实验中心规范、有序地运行。

5 加强实验队伍建设

5.1 合理调整队伍结构

建立一结构合理的实验队伍,是实验中心的首要任务,从我校计算机实验教学中心管理体制改革后的实际情况出发,实验教学中心的队伍组成主要包括几部分:一是专职实验室人员,包括专职管理人员和实验技术人员;二是专职实验教师,由实验中心聘任,主要是教学团队的教师来担任;三是辅助人员,包括年轻助教、研究生助课和进行专题工作的教师,他们辅助实验教师进行实验教学,利用实验室进行专题工作的教师往往带着一定的任务,比如指导学生进行课外科研实践、学科竞赛等,在一定的时间内参加实验室的工作,可以带来很多新的知识和技术,对促进实验室工作很有利。

5.2 队伍培养机制

制订中心队伍建设的中长期发展规划,科学制订人员引进计划,逐步改善不合理的队伍结构。针对以往实验技术人员普遍缺乏培训和再教育的机会,中心加强员工继续教育的力度,采取在职培训和脱产培训相结合,重视年轻教师的培养,提高实验队伍的学历和业务素质。为实验队伍提供交流学习的平台。每年为实验技术和实验室管理人员提供一些交流和考察活动,积累经验,开阔视野。交流形式包括校内人员通过团队会议交流、与校外同行的交流和学习等。鼓励和资助员工积极参与各类实验教学会议、仪器设备展等活动。

5.3　员工的激励机制

以往采用的考核方式多为单一的教学和科研工作量考核,中心在制订考核制度的时候充分考虑各类教师的工作性质、工作环境、工作量等多方面因素的差异,采用定量考核与定性考核相结合的评价方法。在中心实验技术人员职称晋升的条件中,侧重实验技术、教学改革和实验室建设方面的研究成果和贡献,激励员工参与实验室工作的积极性。此外,鼓励实验中心人员积极开展实验教学研究,设立实验教学和管理专项改革项目,资助广大教师深入开展实验内容、方法、技术和实验室管理等方面的研究,开发研制教学仪器设备,促进教学与科研相长。

随着现代科技知识的快速发展和广泛应用,学科与专业互相交叉渗透,不同学科之间的界线越来越不明显。实验中心,尤其是公共基础类课程实验教学中心,随着学科建设和专业发展的深入,包括的范围会更宽、功能会更强,教学手段和方法会更全,相应的管理体制也需要在不断的实践和探索中继续完善。

参考文献

[1] 吴震,王恬,孔令娜,等.实验教学中心管理体制和运行机制的探讨.实验技术与管理,2014,31(10):168-171.

[2] 陈琦,王卫红,徐卫,等.计算机省级实验教学示范中心建设的探索.实验技术与管理,2014,31(4):123-126.

[3] 农正,黄银娟,蓝奇,等.计算机基础课实验教学示范中心建设与实践.实验室研究与探索,2010,29(1):95-97.

[4] 王卫红.分层分类精细化、多元化、立体化计算机类人才培养模式的思考.高教与经济,2012,25(3):12-19.

[5] 徐卫,陈琦.实验教学示范中心开放服务平台建设.浙江省高校计算机教学研究会.计算机教学研究与实践——2013 年学术年会论文集.杭州:浙江大学出版社,2013:156-160.

抽题加密、屏幕拍照在学生机房考试中的应用

周跃松　　陈　静

浙江育英职业技术学院，浙江杭州，310018

摘　要： 随着计算机辅助教学的发展，会有越来越多的计算机应用类课程考试从教室走向机房，解决机房考试无声无息地相互复制、代交考卷等舞弊行为会变得越来越重要。本文介绍笔者用 C 语言＋数据结构知识编写的抽题组题软件和屏幕拍照软件。它能有效地解决机房主观题考试中出现的考试舞弊现象，不仅用于考试场合，也可在日常上机练习中使用。软件无需安装设置，随拷随用，使用方便，操作简单，是教师在教学和考试过程中难得的贴身实用小助手。

关键词： 学生考试；机房考试；主观题考试；公正考试

1　问题提出

目前，计算机程序类课程的考试越来越多地从教室闭卷考试转向机房上机开卷考试，益处是注重理解与操作，避免死记硬背，但带来的问题是学生可借助网络复制抄袭题目，教师难以控制，考试的公平公正性面临挑战。按照教室闭卷的考试方式，应在学生机上贴上学生标签，学生对号入座，考试结束后学生退场，教师逐一到学生机上用数码相机、手机对屏幕拍照或进行屏幕截图（针对一些只需程序运行输出结果的考试场合），起到试卷标识作用，防止学生帮他人代缴考卷，但这样做显然太麻烦，是不可取的。另外，如何防止学生知晓他人考题，相互复制抄袭也是首要解决的问题。

2　解决办法

抽题加密可以解决学生复制抄袭的问题。设计思想是学生操作题由计算机随机抽取，这样可以减少学生题目相同的概率，再对组题生成的学生文件夹采用 Winrar 进行加密打包，打包密码再进行加密并写入学生的对应文件，如"13209101 吴晶晶_密码.dat"，学生要打开该文件获取密码必须运行教师提供的"密码解密.exe"文件，该文件受控只能执行一次，这样学生只能解开自己的题库做题，而无法知道他人的题目内容了。

屏幕拍照可以解决考卷标识问题。运行拍照程序弹出屏幕拍照窗口，调整好窗口在屏幕中的位置，将程序运行结果显示在屏幕其他区域，按确认键 Y 自动生成一副屏幕截图，该图片以学号＋姓名＋拍照日期＋时间命名，PNG 格式图片，图片窗口中显示了学生的学号和姓名，计算机的 IP 地址，由于 IP 地址的唯一性，再加上拍照程序与学号姓名绑定，且程序只能执行

周跃松　　E-mail：zhou_yue_song@126.com

一次,该图片就是学生与学生机的绑定身份证,这是人工拍照或截图无法做到的,不仅使用方便,最主要的是保证了学生上交成绩的真实性,杜绝了学生替他人代交考卷的情况发生。

3 软件介绍

软件用 C 语言编写,由抽题组题和屏幕拍照两部分组成,分别介绍如下:

3.1 抽题组题

抽题组题软件由"随机抽题"和"生成题库"两个模块组成。"抽题组题"用于生成每位学生的随机抽题序列;"生成题库"依据抽题序列将考题中对应的文件夹复制组合到学生考试文件夹下,便于教师通过极域文件分发功能给学生派发考题。

(1)随机抽题。随机抽题只需要运行目录中有班级"学生名单.txt"文件存在,该文件由学生的学号、姓名、性别 3 列组成,按行存放。抽题数字取决于题库,假设题库中有 10 道 Word 操作题,12 道 Excel 操作题,16 道 PowerPoint 操作题,共计 38 道操作题,抽题序列将在 1 至 38 之间随机产生,可以设置每位学生的抽题数,还可以按题目类别分别设置抽题数,如在 Word 中抽多少题,在 Excel 中抽多少题,在 PowerPoint 中抽多少题。每位学生的抽题结果显示在屏幕上,同时自动创建并保存在"随机抽题.txt"文件中,以备后续"生成题库"模块调用。

(2)生成题库。教师考题放在运行目录的"题库"文件夹中,其下每个文件夹对应一道考题,用 2 位数字命名。以上述为例,"题库"文件夹下有 38 个子文件夹,分别命名为 01、02、03…38,每个文件夹下是对应的操作题题目文件或子文件夹。

运行该模块程序生成"题库分发"文件夹(教师通过极域软件以广播形式发放给学生),在"题库分发"文件夹下创建每个学生的文件夹(以学生学号和姓名命名),再在学生文件夹下创建对应学生抽题序列的题库文件夹。如图 1 所示。学生从"题库分发"文件夹中拉出自己的文件夹就可以做题了,使用方便。

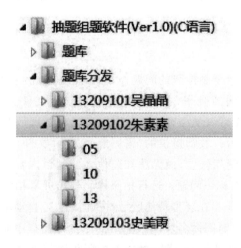

图 1　题库分发文件夹内容

为了防止学生查看他人的考题内容,软件设计了一种考试模式,在该模式下学生文件夹的内容全部用 Winrar 进行了加密打包,如图 2 所示。

图 2　考试模式下题库分发文件夹内容

要打开自己的题库压缩包需要知道加密密码,密码随机产生并保存在"学号＋姓名_密码.dat"文件中,该文件实际是一个文本文件,但其内容已经加密处理,直接打开看全是乱码,只有运行教师提供的"密码解密.exe"才能将"学号＋姓名_密码.dat"转换成"学号＋姓名_密码.txt",然后用"学号＋姓名_密码.txt"文件中的密码解开自己的题库,如图 3 所示。

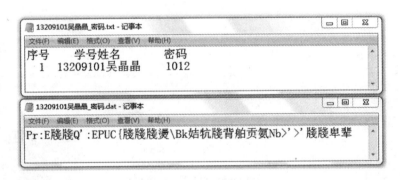

图 3　密码及其对应的乱码

由于"密码解密.exe"是和自己的文件夹捆绑并只能运行一次,因而学生只能解开自己的题库,根本无法知道他人的考题内容,用技术手段杜绝了个别不良学生想要抄袭的念头。

3.2　屏幕拍照

屏幕拍照软件的作用是生成每位学生的拍照文件夹,文件夹中的拍照程序和学生的学号姓名绑定,并且只能拍照一次,防止帮他人代拍现象发生,如果拍坏了重拍,可由教师手动操作控制。

运行该模块程序生成"拍照分发"文件夹,在"拍照分发"文件夹下创建每个学生的文件夹(以学生学号和姓名命名),再在学生文件夹下拷入"NirCmd.exe"(免费的命令行指令调用软件),"生成提交文件.exe"(用 C 语言编写)和"Password.dat"(加密的文本文件)。执行

"生成提交文件.exe"进行拍照,首先检查文件夹名(学号+姓名)是否与从"Password.dat"解密出来的学号+姓名一致,再检查"生成提交文件.exe"文件是否执行过,两项均通过则在命令行窗口中等待按"y"键确认,用户调整好屏幕上各窗口位置,确保所需信息显示在屏幕上后按y键,程序调用"NirCmd.exe"命令生成一副屏幕图片(用学号+姓名+日期+时间+.png命名),学生将图片提交给教师即可。

4 应用案例

4.1 数据结构课程应用案例

在本学期的数据结构课程期末考试中,学生在机房开卷考试,试题分两部分,一部分是客观理论题,一部分是上机编程操作题,对于理论题采用自己编写的客观题在线测试软件,随机抽题、生成试卷、学生作答后软件批卷并给出成绩。对于编程题则用抽题组题软件从10道题中随机抽取一道分发给学生,学生提交C语言编程程序后,笔者无能力写软件来批卷,只能手工批改评分,工作量很大。考虑到软件算法的输出特性,教师只要看程序运行结果就可以了,所以要求学生提交程序的同时,运行屏幕拍照软件,提交拍照图片,如图4所示。

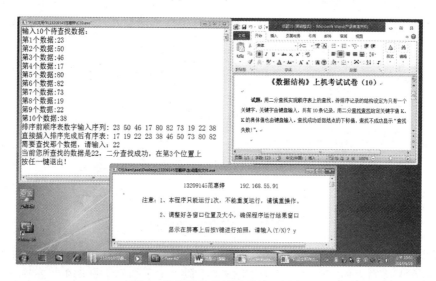

图4　数据结构考试屏幕拍照图片

在图4中,右边窗口是在Word中显示的考试试题,左边上方窗口是学生提交的程序运行效果,左边下方窗口是屏幕拍照软件的弹出内容,其中显示了考生的学号、姓名和计算机IP地址。

4.2 计算机文化基础课程应用案例

在上学期的计算机文化基础期末考试中,由于考试平台从Windows XP+Office 2003升级到Windows 7+Office 2010,原机房考试软件不能使用,而要对学生在Office下操作的文件进行人工批阅是很烦琐的。权衡利弊,选用新思路软件开发中心开发的 NCRE 日常练习系统进行上机考试,考试内容由理论题、文件操作题、Word、Excel、PowerPoint 和网络操作题组成,软件随机抽题并可批卷统计分数,提供了练习模式和考试模式的选择,是一款很好的学习考试软件,由于当时使用的是功能受限的单机版,不能输入学生的学号和姓名,统计评分结果只在屏幕上显示一下,不能保存,这样的软件要用于正式考试场合,只有教师模仿教室考试,到学生机上去贴标签,学生考完后教师逐一到学生机上去运行评分功能,再将评分窗口的成绩拍照或登记下来,既烦琐又不便于管理。而采用屏幕拍照软件,教师只要将拍照软件发放给学生,学生自己运行拍照后提交图片就可以了,教师既省事又放心。学生提交考试图片如图 5 所示,不再赘述。

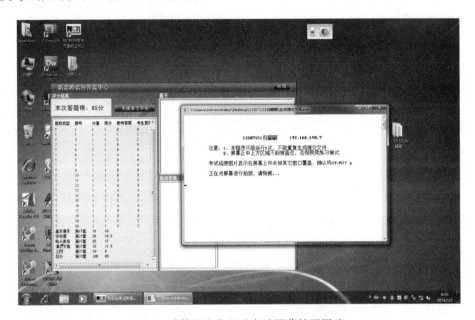

图 5　计算机文化基础考试屏幕拍照图片

5　结束语

机房考试分为客观题考试和主观题考试,客观题考试答题规范化,软件批改容易,可选考试软件较多,主观题考试作答无规律,软件批改困难,开发成本高。本文介绍的两款软件适用于主观题考试,虽不能实现软件批改评分,但对机房考试的规范化管理起到了应有的作用,有需求的读者可以一试。

参考文献

[1] 薛园园.C 语言开发手册.北京:电子工业出版社,2011.

[2] 许文宪.数据结构.北京:科学出版社,2004.

课程建设

专升本"C语言与数据结构"教学改革探索

丁智国

浙江师范大学数理与信息工程学院，浙江金华，321004

摘　要：本文在分析"专升本"教学的现状后，基于"C语言与数据结构"这门课程，从课堂教学的实际出发，对教学内容的整合、选择，实践教学设置，教材，教学方法等方面进行了初步的探讨。

关键词："专升本"；教学改革；课堂教学

1　引　言

在我国现行的教育体系中，为了给专科优秀毕业生提供继续求学深造的机会，我国建立了"专升本"这种教育模式，即专科院校的部分学生在完成专科阶段的学习后，通过考核，升入本科院校继续完成本科阶段的学业。[1]这种教育模式给专科和本科教育之间搭起了一座桥梁，使得部分优秀的专科学生可以通过"专升本"这种方式获得继续求学深造的机会，有其特殊的意义所在。

然而，"专升本"这种教学模式的特殊性，决定了其培养方式的特殊性和人才培养过程中不可避免地会出现一些挑战性问题。笔者作为计算机科学与技术专业专升本的一名任课教师，在分析专升本学生现状的基础上，基于学生特点，结合自己所讲授的C语言和数据结构这两门课程，从教学内容整合、教学内容选择、教材选择及教学辅助工具的使用等方面探讨了浙江师范大学计算机科学与技术专业专升本专业的课程改革过程。

2　现状分析

目前，很多高校的"专升本"的教学大纲都是基于对应专业的本科教学大纲所设置，对于我校的计算机科学与技术专业也采取了这一原则。因此，所采用的教科书，教学内容和本科教学基本相同，然而，笔者作为一名长期面向专升本学生教学的一线教师，通过教学发现，专升本教学存在如下特点：

（1）教学设置特殊性。专升本的教学大纲应该有其自身特征，如果专升本的教学大纲完全照搬对应专业的本科教学大纲，则存在的问题是显著且严重的。首先可能是内容重复的问题，有些课程在其专科阶段已经学过，如果重复讲解，不但浪费学生时间，也浪费教学资源。然而，相同的教学内容，在专科阶段通常学习相对比较简单的内容，而在本科阶段，则需要学习相对比较难一点的内容。因此，这对教学内容的选择和设置提出了更高的要

丁智国　E-mail：dzg_jsj@zjnu.cn

求。其次,考虑到学生的特点和教学要求,设计合理的教学内容和教学模式,对教师来讲,是个很重要的任务,因此针对专升本学生,如何在两年制的本科继续学习中确定课堂教学的内容及其教学方法从而优化课堂教学,激发学生的学习兴趣,提高教学质量具有十分重要的意义。[2]

(2)培养目标差异性。人才培养的目标决定了教育的课程设置,专科阶段的学习大多属于职业教育,强调某一门技能的学习,培养应用型、技能型、工艺型的人才。[3]而本科阶段更注重培养学生的全面知识体系,具备一定的创新意识与创新能力。因此专科阶段的学习和本科阶段的学习虽然在部分内容上有所相同,但绝不是简单的重复,课程设置、教学内容及教学目标在深度和广度方面都有较大的不同。然而,专科阶段和本科阶段培养目标的差异性使得"专升本"的教学在课程内容设计、教学方法等方面不能全面照搬四年制全日制本科的培养模式,不能简单地直接将其等同于大三的学生,当然,更不能等同于大一的新生。因此,由于培养目标不同,学生基础不同,相同的教学内容,也应该以不同的教学方式,评价体系来完成。

(3)教学对象的异构性。专升本的学生并不一定全部来自对应的专业。近几年专升本报考和招生录取的实际情况来看,存在大批考生跨专业报考的现象。虽然按照国家对"专升本"考生在报考时,原则上要求考生报考的专业必须与专科所学专业类似,但在实际操作中,各级招生部门并没有按照有关规定严格限制考生报考专业,因此造成考生跨专业、甚至跨学科报考现象普遍。如我校招收的 2013 级计算机科学与技术专业专升本学生中,专科阶段为计算机科学技术专业的比例仅占 20%,和计算机相关的专业 40%,其余 40% 为跨专业学生。这些学生来自不同的专科学校,而各个专科学校在专业结构与专业能力方面都有其不同的特色,教学课程设计与要求各有其特色;其次,即使学生来之相同专业,教学内容和课程结构也不尽相同,各个学校的教学质量也各不相同导致基础知识及专业知识差异还是比较大,特别是那些专科阶段所学专业和现在专升本专业相差太远的部分学生,这些都将对课程教学产生影响,对专升本人才培养模式提出新的挑战。

3 专升本教学改革探讨

调查发现,专升本的学生,一般都是在专科阶段学习成绩比较好的学生,且具有明确的求学目标,希望通过本科阶段的学习进行深造(考研、考博等),然而,上述存在的问题可能导致课程设置不合理,昔日的"佼佼者"在课堂上感觉学的是或者是重复知识,或者对教学内容听不懂、学不会,则会产生迷茫、丧失学习目标等问题,甚至会产生来读本科是否是个错误的选择的思想,这将对其大学阶段的生活产生极其负面的影响,这显然不符合"专升本"人才培养的目标。笔者基于近年来的教学经历,针对 C 语言与数据结构课程的教学,从课堂教学的实际出发,对专升本学生的课堂教学内容整合、教学内容选择、教材选择、教学辅助工具的使用等方面进行初步探讨。

在具体改革措施之前,先来分析一下这两门课程的特点。C 语言(高级语言程序设计)和数据结构,这两门课程是计算机专业及其相关专业中非常重要的专业基础课程,不管是专科,本科都需要学习。这两门课程的特点是很明显的,C 语言是一门高级程序设计语言,偏重于实践应用,该课程教学的目标是使得学生通过该课程的学习,能够掌握并具备编写程序的基本技能。而数据结构是一门偏重理论的课程,主要研究的是非数值应用问题中数据之间的逻辑关系及其对数据的操作,同时还研究如何将具有逻辑关系的数据按一定的存储方式存储在计算机中。因此数据结构对培养学生的程序设计思维是很重要的。在数据结构的学习过程中,其教学内容也需要使用某种高级语言来实现,因此这两门课程之间的关系密切。然而,由于时间因素、学生特点,如何将这两门课程有机地整合在一起,构建 C 语言与数据结构的新的教学体系,改革教学方法,从而增加学生兴趣,提高教学质量,是需要解决的问题。

3.1 教学内容整合

笔者通过调查发现,各个学校,根据教学要求,针对专升本教学,C 语言与数据结构的教学,一般采用以下三种不同的教学模式[4]:

模式一:两门课分开讲授,一般情况是在两个连续的学期完成。这样造成的最大问题是压缩原有的四年本科大纲规定的教学课时,这将导致部分专升本学生往往在学完 C 语言后,其实仍然不能熟练地使用 C 语言编写程序。一般来讲,C 语言教学老师偏重于语言语法的教学,而具体的程序设计或算法应用讲解的较少;然而数据结构的教学重点是抽象的数据关系及其算法的表示和实现,老师在讲解时也只单纯讲解数据结构模型和常用的算法,而和实际的程序设计联系较少,这导致教学内容不能很好地衔接,不能形成完整体系。其次,这种模式也不符合专升本的教学特征,因为没有考虑到部分学生或许已经学习过该课程,导致教学内容重复。

模式二:只讲数据结构,这种教学模式完全抛弃高级语言程序的教学,可以有更多的时间让学生学习数据结构的基本理论,但这种模式没有考虑到部分专升本的学生的专业差异性,他们可能在专科阶段没有学习过 C 语言或者相关的高级语言,或者学的很简单。即使他们通过努力学习,能理解这门抽象的课程,但在具体的实践中,由于不能很好地掌握具体的编程语言而导致实践课程无法完成。比如在学习"链表"这一知识点时,由于对 C 语言中"指针"的知识点不了解而很难接受,达不到预期的教学效果。

模式三:将高级语言和数据结构结合起来,以 C 语言讲解为主,以数据结构内容为核心的模式。这种模式针对第一种模式和第二种模式的缺点整合的新模式。根据学生特点,在讲解 C 语言的一些关键知识点时,融入数据结构的内容,这种方式操作简单,容易实现,且难易度也便于教师在教学过程中调控,当然,这对任课教师提出了更高的要求,需要熟练地驾驭这两种课程,能在这两门课程之间做好过渡和贯通。在笔者所在的学校中,该课程经历了上述三种模式,现在,正在应用第三种模式,且达到了良好的教学效果。这种模式考虑了学生特点,避免了因专业不同而导致第二种模式的失效,也规避了第一种模式所带来的内容重复等问题。具体设置如表 1 所示。

表 1 C 语言与数据结构教学内容整合

教学内容	描　述
C 语言与数据结构介绍	一些基本概念和定义
C 语言的基础知识	数据类型,变量、常量,运算符,表达式及输入输出等
C 程序设计	程序设计的三大结构,顺序、选择和分支
函数	函数及一些经典算法介绍
数组	一维数组:顺序存储的线性表,包括栈、队列,字符串,查找,排序等内容;二维数组:矩阵的一些操作及应用
指针	指针的定义和使用
结构体	结构体数组,链式存储的线性表,包括链栈,链队列
树结构	树的定义,二叉树的遍历、存储(顺序存储和链式存储)和应用
图结构	图的定义,图的存储(顺序存储和链式存储),遍历和应用
文件操作	文件的打开、关闭、读、写操作等

从上表可以看出,教学内容本质上没有发生太多变化,但以 C 语言为主线,将数据结构的内容融入其中。在讲解 C 语言时,当学生了解了基本的语法后,将数据结构的教学内容融入其中,达到应用的效果。比如教师在讲解一维数组的概念后,可以依次讲解数据结构的顺序存储的线性表、栈、队列的概念;进一步讲解查找和排序的应用,达到整个知识体系的融会贯通。通过这样的模式,使得学生能充分了解数据结构这门抽象的课程,同时对算法应用有了更深刻的理解。当然,在讲解时候,还可以借鉴常用的"案例教学"等,加深学生对知识点的掌握。

其次,针对表 1 罗列的教学内容,需要强调的是,教学内容的选择应该有重点。比如很多学生在学习 C 语言时候,为了应付各类考试,当课时较多时,为了对整个 C 语言知识点的全面了解,老师一般会附加讲解一些实际中应用不多的知识点,比如 $j = ++i+i++$ 这种自加表达式的求解,这本来是 C 语言的一个特色,但这种表达式在不同的编译器中可能有不同的解释,因此过多地强调此种教学内容,不但浪费时间,而且即使学生理解了,写出来的程序可读性很差,也不符合数据结构里面所要求的一个好的算法的评价标准。实际应用中,也很少有程序员这样编写代码。因此,这种教学内容可以略去,或者只要让学生了解即可。相反,C 语言中的数组、指针、结构体、函数等内容是需要花时间去学习和掌握的。

最后,实践教学作为一种强化教学内容的有益补充,教学内容的设置和选择,也需要有机融合。实践的题目要进行难易梯度的划分,除了传统的课后习题的实践题目外,教师应该根据课程特点,设置一些综合性的题目,编写包含不同层次题目的实验指导书。比如第一部分是基础,包括基本知识点的应用,实践。第二部分是中等规模、难度的题目,是将两门课程结合起来的简单的应用题目。第三部分则是提高、综合应用部分,设计较大的、复杂的,有实际应用场景的题目,如图 1 所示。这一点,可以借鉴我校的 ACM 实训队的做法,采用以问题驱动学生动手能力,结合所学的知识点,循序渐进,由浅及深的模式,最后达到能用所学的知识点对实际中的具体问题编写程序,从而解决问题的能力。

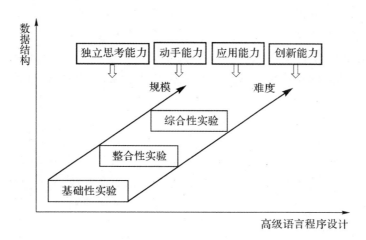

图 1　实验设置

3.2　教学相关的其他问题探索

对专升本的教学,在课程内容整合、选择后,为了达到良好的教学效果,还需要强调以下三点:

(1)教材的选择。现在很多高校的专升本的教材,很多是和计算机科学技术本科教学选择相同的教材。然而,对很多学校的计算机专业来说,这两门课程是分开讲解的。一般 C 语言程序设计选择谭浩强编写的《C 程序设计》,数据结构选择严蔚敏编写的《数据结构(C 语言版)》,这两本教材是经典教材,很多高校都在使用。然而,针对专升本学生,直接把这两本教材拿过来则不是很恰当。然而,当前很难找到一本将 C 语言和数据结构融合在一起的好的教材,虽然现在也有一些专门为高职院校所编写的将这两门课程融合在一起的教材,但一般内容都比较简单,且是对这两本教材内容简单的重复。因此挑选一本结构规范适合于专升本学生的教材还比较难。笔者作为一名长期从事 C 语言和数据结构教学的老师,对专升本学生的教学,笔者建议可以基于招收的学生特点,结合专升本培养目标,在指定教学内容之前,做一次调查,了解学生在专科阶段学习情况,再设定相应的教学内容。达到巩固已学到的知识点,增长新的知识点的效果。当然,基于学生特点,可以结合上述两本教材的内容,编写适合本校学生使用的自编教材和讲义,并融合两门课程的实践教学,设计了相对完整的实训指导。当然,这也希望广大从事专升本教学的老师、专家能通过一些教学论坛分享各自的教学经验,尽快编写一本整合了 C 语言与数据结构、适合专升本学生的优秀教材。

(2)因材施教结合因人施教。教学是一个双向的过程,考虑到专升本学生的特点,作为教师在教学过程中,不仅仅是传播尽可能多的知识,而是在教学过程中,教会他们学习方法和能力,使得学生所学专业有兴趣,能积极主动的学习。因此,在教学的过程中,除了借助于一些有效的比如"案例教学"、"任务驱动教学"等新型的教学方法之外。教师在强调"因材施教"的同时,根据具体的授课对象,更需要强调"因人施教"[5,6]。教师在准备教学内容和采用的教学方法时,要从学生和教材两方面入手,从专升本学生的实际出发,基于学生特点,张弛有度地进行教学内容安排。比如在讲解数据结构的队列这种结构时,新入队者占到队尾,站在队首的最先接受服务和出对。这些概念实际是很简单的,即使学生来自于非计算专业,没有学过该课程,也能很好的理解。但是,对该课程来说,对于计算来说,队列结构如何实现,入队和出队分别操作,通过讲解使得学生在初步了解知识点。其次,在选择不同的存储类型前提下,如何实现队列操作,如何解决顺序队列在操作时产生的"假溢出"现象,从而引入循环队列的知识点。这些是成体系的内容,但如何在有效的时间让学生理解掌握是教师需要考虑的一个问题。只有把这些问题想清楚了,才可以采用易于学生理解的教学方法,激发学生兴趣,发掘潜在的教学效果,达到良好的教学目标。

(3)辅助教学工具使用。多媒体教学的使用,可以说是现代教育方式的一大进步,其生动、直观、信息量大受到越来越多的欢迎。当然,在教学过程中,如果仅仅是将教材内容拷贝到屏幕上,则达不到教学效果。良好的教案中应该是图文并茂,知识点丰富的精心设计的内容。基于声音、文本、图像和动画乃至教学视频,多元的进行信息交互,才可以达到教学效果。如在讲解数据结构的相关算法和内容时,可以采用严蔚敏版《数据结构》配套的教学课件,对线性表、队列,树,图等知识点从视觉方面给予讲解,让学生印象深刻,深入了解教学内容。另外,课堂教学的时间毕竟是有限的,现在几乎所有高校都有相对完善的校园网,利用网络进行辅助教学也是提高教学质量的一个高效的途径。可以由任课教师建立该课程的教学网站,该网站包含教学课件、教学视频的相关教学资源,也可以有一个师生相互交流的平台,如提问模块、试题库,或在线交流答疑等模块。形成一种立体教学模式。

4 结束语

专升本教育是近年来的一种新的培养人才模式,C 语言和数据结构是计算机专业的专业基础课,本文分析了专升本教学的特点之后,针对计算机科学与技术专业专升本学生,基于"C 语言与数据结构"课程的教学,对如何做好专升本学生的课堂教学给出了一点思考和探索。通过两门课程的有机整合,在避免教学内容重复的同时节省了教学时间。这种教学模式在培养学生实际的编程能力同时解决了数据结构在教学中固有的抽象难懂局面,使得学生能更好地掌握数据的抽象概念,理解数据关系在计算机中的存储,以及基于这些结构所描述的运算和实际的算法。这种整合模式在笔者所在的学校已经进行了初步验证,结果表明,该教学模式不但增加了学生的兴趣,还增强了学生实际编程、解决具体问题的能力。

然而,专升本办学有其特殊之处,在教学过程中也发现了其他一些问题,这也需要在以后的教学过程中,通过不断的探索,对教学模式,课程设置等不断进行改革,从而逐步完善教学,达到培养合格人才的目的。

参考文献

[1] 崔仲远,王峰.计算机科学与技术(专升本)专业教学中存在的问题与对策.周口师范学院学报,2011(5).

[2] 李映红."专升本"学生大学数学课堂教学原则的探讨.长春大学学报,2007(3).

[3] 王静.高职院校 C 语言与数据结构教学方法探讨.科技信息,2009(34).

[4] 谢莉莉,李勤,傅春,等."C 语言与数据结构"课程的教学改革实践.计算机教育,2009(7).

[5] 丁智国,钱婕.面向对象程序设计课程教学改革.计算机教育,2011(9).

[6] 徐春雨.高职院校 C 语言与数据结构课程整合的探索与实践.福建电脑,2010(10).

非计算机专业中程序设计类课程的教学探索

候志凌　　潘洪军　　亓常松

浙江海洋学院数理与信息学院，浙江舟山，316000

摘　要：根据普通高校非计算机专业中程序设计类课程的课程特点和发展趋势，结合目前非计算机专业中程序设计类课程的教学状况、实验环境，提出了一套完整的课程改革方案。方案采用分层次教学思想，以案例驱动的 CDIO 模式进行教学，将计算思维的培养作为教学目标和考核标准，并辅以等级考试、学科竞赛和勤工俭学岗位的激励方式，从而培养学生计算思维、激发学生创新能力、提高就业竞争力并实现大学教育的目的。

关键词：分层次教学；任务驱动；计算思维；学科竞赛

1 引　言

谈到大学教育的目的，在学术界大家最为认可的是：大学要培养学生独立思考的能力和终身学习的能力。[1]有学者认为现代大学教育的目的是：如何培养具有创新能力和竞争能力以及各种素质综合发展的人才是高等教育的任务，也是现代高校的教育目标和责任。[2]在现在社会中，计算机科学已经渗透到科研、生产和生活等各个领域，计算机已不再仅仅是工具，它通过各种应用软件的使用主导了工作的进行，这些应用软件的开发需要相关程序设计知识的支持。学习程序设计类课程、了解计算机思维方式、掌握编程逻辑思想，能够帮助适应现代社会的发展，帮助大学生们将自己的解决方案和创新思维转化为现实，从而提高他们的创新能力和就业竞争能力，并能推动他们进行独立思考和终身学习。因此，程序设计类课程的教学在大学生（特别是理工科大学生）的培养和大学教育目标的实现中至关重要。

但程序设计类课程内容相对抽象，无法像"计算机文化基础"、"Photoshop 图片处理"、"网页动画制作"等课程那样吸引年轻学生的眼球，非计算机类专业的学生很难对其产生强烈的学习兴趣。尽管学生们也知道课程的重要性，但自主学习、复习的热情并不高，教学效果往往不太理想。如何转变这种现象，需要教师们充分结合课程本身、学生自身的水平和所学专业的特点，并借助等级考试、学科竞赛等外部环境来提高程序设计课程的教学效果。

候志凌　　E-mail：ZhilingHou@zjou.edu.cn

2　现状分析和发展趋势

2.1　学生水平存在差异

大学生入学时计算机水平参差不齐,这是计算机文化基础的任课老师的共识,这种现象在程序设计类课程的授课过程中也有发现。这与生源地经济情况以及各地区高中计算机教育不平衡有关,这造成有些学生在大学入学前根本没有接触过电脑,计算机的知识甚至需要从如何开机、关机讲起。在大学生活中,这些学生因高考而被压抑的爱玩天性被不受约束的释放了,本能地抵触任何枯燥的学习内容,包括程序设计这种计算机相关课程。也有些学生的情况则完全不同,他们来自对计算机教育特别重视的高中,家长从事计算机相关工作。他们计算机基础通常较好,甚至参加过程序设计方面的水平考试。

对这种知识水平相差如此大的学生如果采用统一的模式授课,教学效果往往不理想:教师难以安排教学内容,程度差的学生因为紧张而厌学,程度好的学生因为无聊而厌学。这种现象在其他课程的教学中较少出现,但在计算机文化基础课程和程序设计类课程的教学中却是普遍存在且非常明显的。

2.2　教学方式刻板程式

程序设计类学科是具有实践意义的学科,在理论教育中如果采用填鸭式教学模式,很难引起学生学习兴趣,因为缺乏实践支持的知识终究无法鲜活起来。但目前,程序设计类课程教学时,往往将理论时间和上机时间完全分开,先理论学习,1～2 天后再上机验证。由于计算机编程为属于实际操作技能,类似于学习骑自行车,只有亲自实践了才能记忆深刻,学生学完理论后不能立即实践,待到上机时,理论内容已经遗忘近半了,学得慢、忘得快。

另外,简单问题方式引入课程内容也不是理想的选择。首先,因为这样的简单问题往往只涉及一堂课的少数教学内容,和其他内容的紧密程度低,容易引起学生疲劳、厌倦的情绪。其次,问题启发的方式仅仅能够培养学生的思维能力,而程序设计类课程要培养:思维能力、行动能力、解决问题三个能力,通过问题启发无法培养后面的两项能力。最新研究表明,案例驱动、项目驱动的教学方式才能够更好地完成教学目的。[3]

2.3　教学内容枯燥陈旧

从计算机类各种课程比较来看,对于年轻大学生,程序设计类课程不如各种图像、视频处理软件类的课程直观、有趣,这是课程自身特点决定的,很难改变。另外,由于部分学校对计算机等级考试学生报名人数和通过率的过度重视,程序设计类课程的教学中往往要侧重于大量知识点的记忆,而忽视如何去介绍计算机的思维方式。教学工程中轻视逻辑思维、计算思维的培养,而这些思维方法才是对学生今后创新和终身学习能力的基础。各种等级考试和学科竞赛本来的目的是辅助激发学生学习相关课程的兴趣,不应该本末倒置为课程学习的目标。程序设计课的目的是教会大学生如何利用计算机来解决实际问题,是分析问题、逻辑思维、实践能力的综合培养,这与学生们的学习兴趣并不矛盾。另外,年轻学生具有好奇求知、思维活跃、喜欢挑战的特点,教学内容如能进行合理安排完全可以激发他们的学习热情。

2.4 学科发展趋势

20 世纪,计算机学科发展远没有今天如此迅猛,各行业、各专业里计算机的应用基本还停留在文字处理和计算处理方面,C 语言或 VB 语言课程学习之后在整个大学阶段就不再涉及程序设计类课程了。时至今日,大学理工科学生一般还要学习一门与专业相关软件的编程,进入职场后他们往往要学习更多的程序设计软件。另外,计算机软件的编写从工业应用扩展到了手机 APP、智能家居、装修设计、网络游戏等诸多领域,应用范围更广,就业市场对具有编程能力和计算思维的软件使用、开发人才更加急需。

2006 年 3 月,卡内基·梅隆大学计算机科学系主任周以真教授在 *Communications of the ACM* 中提出了计算思维的概念,指出:计算思维是运用计算机科学的基础概念进行问题求解、系统设计以及人类行为理解等涵盖计算机科学之广度的一系列思维活动。[4] 计算思维的培养是计算机及相关专业教育未来发展的趋势,而程序设计类课程正是培养学生计算思维的天然途径。

3 改革方案

3.1 采用分层次教学结构

在第一学期期末,组织学过 C 语言、Java 或 VB 语言的同学进行相关考试,根据分数段制订第二学期程序设计类课程的普通班学员、提高班学员名单和免修名单。无编程基础和编程基础较差的同学一同进入第二学期的普通班学习;程序设计能力一般的同学进入提高班,重点培养他们的编程思维和编程技巧,以便学习各自的专业编程软件;免修学生直接进入专业编程软件的学习,并鼓励他们参加相关计算机等级考试和相关程序设计竞赛的培训。

分班考试的试卷可采用提高班的期末试卷。第二学期第一教学周时,普通班学员和提高班学员可以选择再次考试。若考试达到一定程度,普通班学员可以直接转入提高班,提高班同学可转入专业编程软件的学习和参加程序设计竞赛的培训,激发学生自学热情。

3.2 采用 CDIO 教学模式

CDIO 工程教育模式[5]是国际上工程教育改革的最新成果,尤其适用于程序设计类课程的教学。以案例(案例最好来自学生本专业的项目应用)的形式引入课程,针对案例进行分析,采用构思(Conceive)、设计(Design)、实现(Implement)、运行(Operation)的模式将课程内容串联起来,引导学生去解决问题,让学生成为学习的主体。这种教学模式可以全面培养学生的思维能力、行动能力和解决问题的能力。该模式的实现需要打破理论教学和上机实践界线,教学全部在机房完成,理论实践相互穿插,通过机房的教学管理系统(如极域电子教室系统)做必要演示。在学生实验的过程中,教师随时观察进展程度并选取其中的若干典型程序进行点评。

3.3 以培养计算思维为目的组织教学内容和制订考核标准

对于非计算机专业的学生,在案例驱动、项目驱动下组织教学内容,知识点讲解要为实际设计程序服务,以解决他们专业将会遇到的实际问题为目标,不以从相似选项中选出正确答案为目标。对于一个案例,鼓励学生们从不同的角度去思考,锻炼学生逻辑思维能力和将想法转化为代码的行动能力。考试题目减少各种概念的选择和填空题目,加大程序片段填写和完整程序编写的题目,课程考试的试卷要摆脱以等级考试题目为蓝本"懒惰"方式。

3.4 以等级考试、学科竞赛、勤工俭学岗位激发学生学习热情

鼓励达到提高班水平的学生参加省和国家计算机等级考试,提高班课程复习时预留部分课时用来进行等级考试的辅导,也可专门开设学时较短的等级考试培训课。鼓励达到免修水平且编程思路清晰的学生与计算机专业学生组队,参加数学建模、软件外包、创新竞赛等学科竞赛。这样可以进一步提高非计算机专业学生的编程技巧和丰富他们的解题思路;同时,也开拓了计算机专业学生的知识面和与其他专业人员合作解决实际问题的能力。在条件许可的情况下,向学校申请程序设计相关的勤工俭学岗位,进一步提高编程能力强的非计算机专业学生学好程序设计类课程的积极性。

4 结束语

本文结合计算机程序设计类课程本身的特点,探讨了一刀切的统一教学方式,理论和实践分离式的课程安排模式,问题引入的授课方法,重理论、轻应用的考核方式的不足。提出采用分层次教学思想进行分班,引入案例驱动的 CDIO 模式进行教学,将计算思维培养为教学目标和考核标准,并辅以等级考试、学科竞赛和勤工俭学岗位作为激励方式,形成了一套完整的非计算机专业中程序设计类课程改革方案,以提高学生的独立思考能力、创新能力和就业竞争力。

参考文献

[1] Andrew Abbott. 大学之禅,2006 年在芝加哥大学开学典礼上的演讲. http://magazine.uchicago.edu/0310/features/zen.shtml,2006-09.

[2] 李俊杰. 高等教育应重视培养具有创新能力的人才. 理论观察,2001(1):70-71.

[3] 高林.《关于新一轮大学计算机教育教学改革的若干意见》解读. 机电产品开发与创新,2013,10(20):58-64.

[4] Jeannette M. Wing. Computational thinking. Communications of the ACM,2006,49(3):33.

[5] Edward F Crawley. Creating the CDIO Syllabus, a universal template for engineering education. ASEE/IEEE Frontiers in Education Conference,2002(2):8-13.

"数据库原理与应用"全英文专业授课中
抛锚式翻转课堂学习模式的教学研究

刘　莉

浙江理工大学信息学院，浙江杭州，310018

摘　要：本文基于建构主义学习理论，在"数据库原理与应用"全英文课程教学中探索并实施基于抛锚式学习的翻转课堂教学模式，通过课堂讨论与问题分析求解，确保在专业知识和技能的学习不受损伤的前提下，全面培养国际化学生专业学习能力。

关键词：抛锚式教学；翻转课堂

1　引　言

信息全球化趋势使得具有国际化视野的计算机专业人才需求日益凸显，全英文的专业课程学习将成为吸引国内外优秀学生的因素之一，同时也是向计算机及互联网产业推出具有国际竞争力优秀人才的有效手段。

目前，已有众多高校计算机专业开设全英文专业课程，学习对象具有不同的语言背景。面向不同母语背景的学习对象进行专业课程全英文授课，如何提高课堂效率，在不损伤专业知识的前提下提升学生国际化学习能力，成为教学过程中面临的新问题。

在全英文授课过程中，学习对象包含了非母语环境下进行专业课程的学习者，采用传统的学习模式进行教学，即教师课堂讲授、学生课后复习巩固。非母语学生课堂知识的内化过程无法保证，极有可能造成学时不变的情况下专业学习水平有一定下降，影响国际化专业素质能力的培养；另外，在教学过程中，学生处于客体地位，不利于学生批判性思维和实际问题解决能力的发展；最后，对不同语言背景学习对象进行全英文授课，"以教师为中心"的传统教学方式，易使教师的课堂组织制约于大量的概念解释，削弱课堂问题求解的分析过程，影响课堂效率。

针对以上问题，作者基于建构主义学习理论，围绕"以学生为主体"的教育思想，探究翻转课堂的抛锚式教学模式，将问题（锚）作为学习的起点，围绕问题，将概念的学习提前到课堂之前，以问题讨论与求解作为课堂主体内容，从而使有限的课堂时间从概念学习中解放出来，知识的内化和应用过程从课后复习翻转到课内。通过问题设置，激发学生学习的主动性和积极性，通过课堂讨论，提高学习者的主体意识、批判思维能力及分析解决问题能力，最终培养学生的学习能力。

刘　莉　　E-mail：liuli@zstu.edu.cn

2　建构主义理论

2.1　自主学习

建构主义学习理论认为,知识不是通过教师传授得到的,而是学习者在一定的社会文化背景下,借助其他媒介的帮助,利用必要的学习资料,通过意义建构的方式获得。国外的教育改革探索与实践证明了积极开展学生自主学习的重要性。从 20 世纪 80 年代开始,美国高等教育的许多重要的教育家和理论家支持从"教"到"学"的教育模式的转变[1]。

在学习过程中,要想使学习者完成对所学知识的意义构建,最好的办法是让他们到现实世界的真实环境中去感受、体验,而不是仅仅聆听经验的介绍和讲解。因此,基于构建主义理论,文本提出抛锚式教学的翻转课堂学习模式。通过设计教学案例与提出问题,提高学生的学习主动性,通过课前知识学习,将知识内化应用环境翻转至课堂,提高课堂学习效率。

2.2　基于抛锚式教学

基于建构主义学习理论的抛锚式教学法是约翰·布瑞思福特(John Bransford)领导的温特比尔认知与技术小组(the Cognition and Technology Group at Vanderbilt,CTGV)提出的一种教学模式[2],将具体案例或应用材料作为学习起点,学习者以解决问题为目的开展学习,学习者的知识构建通过解决问题的过程来实现。该模式的核心是锚的设计。通过构建学生感兴趣的学习材料或提出问题,激发学生的学习主动性,通过教师指导下的课前概念知识的学习,在课堂中展开问题讨论,培养解决问题能力。

学习流程图描绘如图 1 所示。

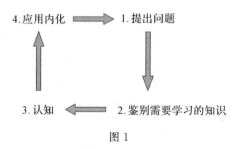

图 1

抛锚式教学有利于培养学生解决问题的能力,提高学习兴趣与学习主动性;但是有限的课堂的学习时间制约了问题讨论与分析环节,对于非母语语言环境下的专业课程学习的学习者来说,问题尤为突出,而网络环境下翻转课堂的学习方式将有效解放课堂时间,使抛锚式教学的实施更加有效。

2.3　翻转课堂教学

翻转课堂(flipped classroom 或 inverted classroom),是指重新调整课堂内外的时间,将学习的决定权从教师转移给学生。在这种教学模式下,学生能够在课堂的宝贵时间内更专注于基于项目的主动的学习,共同研究解决本地化或全球化的挑战以及其他现实世界面临的问题,从而获得更深层次的理解。翻转课堂的要义是教学流程的变革带来知识传授的提前和知识内化的优化。[3]

如图 1 所示,步骤 1、步骤 2 或步骤 3 的任意环节或组合可由传统的课堂学习翻转到课前自主学习,步骤 4 由传统的课后分析练习翻转到课堂进行,通过分析讨论应用实例,达到知识有效内化,通过小组合作,着重培养解决问题的能力。

单纯的翻转课堂没有任务驱动,而仅进行网络学习资源的建设,学习者的主动学习的积极性仍没有得到充分调动。美国心理学家布鲁纳指出:"学习最好的动力就是对学习材料产生兴趣。"[4]因此,基于抛锚式的问题学习为翻转课堂的实施提供了学习内动力。

而抛锚式学习的问题解决能力的培养也需要基于课堂时间的解放,翻转课堂有效地解决了课内时间难以利用的问题。

文章提出了抛锚式的翻转课堂教学方法,并在教学中进行不同粒度的实施,根据教学内容进行不同方式的翻转,例如问题提出的翻转、概念学习的翻转等。

3 课堂实施方案

使用基于抛锚式的翻转课堂教学方法,问题即锚的设计需要结合课程的实际内容及教学培养目标来制定。

具有应用实例的学习环节,将专业基础知识及专业英文词汇的学习提前到课堂学习之前,以网络视频授课及教材阅读相结合的方式实现;课堂上采用分组讨论、学生展示阅读报告及教师讲授相结合的模式,侧重问题的分析与求解。

锚的粒度的设计既可以覆盖整个课程,也可以针对关键环节或单元章节来设置。翻转课堂以问题设计为中心,围绕问题进行翻转学习。不是所有学习过程都用翻转的方式学习,而是根据教学环节的需要进行动态的融合。

3.1 贯穿课程的锚的设计

对"数据库原理与应用"课程进行解构,其课程性质以理论为基础,且是后续数据库应用相关课程的前驱课程。作者基于课程的知识体系,设计课程的锚为数据库应用具体案例,围绕案例构建数据库原理知识。

例如,在教学中,根据知识覆盖度,提出了公司供货系统小型数据库的设计这一应用问题,学习过程中要求学习者用数据库设计的理论知识进行设计分析及优化测试,内容覆盖数据库原理的三层体系结构、数据模型、关系模型与概念、数据库设计理论、范式理论、SQL应用、数据约束数据库完整性与安全性及事物并发处理等内容,并通过案例在教学中开展理论应用的讨论。

3.2 小粒度锚的设计及与翻转课堂教学方式融合进行问题求解

基于课程的大问题,某些特定单元可以独立围绕一个分支问题进行抛锚式学习。针对更小粒度的问题或锚,尝试将问题提问翻转到课前,在课堂中进行讨论及分组学习,通过练习测试,证明课堂效率有效提高。

在"数据库原理与应用"教学过程中,在学习 SQL 查询语句前,作者尝试围绕课程粒度的锚,即供货小型数据库系统的设计,由学生课前设计查询需求,提出查询问题。课堂用所学 SQL 知识进行讨论式求解,学生分组提问、分组解答,课堂气氛活跃,学生成为问题的设计者与解决者,学习积极性与学习效率有较大提高。

3.3 考核方式

课程的考核更加多元。建立课堂讨论参与度考评及翻转学习环节的考核,将课前学习与课堂讨论的学习活动纳入测评成绩,提高学习主动性。

4 总 结

在全英文的环境下建立抛锚式翻转课堂学习模式,使学习围绕具体实际问题进行,传统课堂教学中的信息传递环节向课前迁移,课堂通过讨论与问题分析求解,实现信息内化,提高课堂效率,将学习主动权交给学生。通过翻转课堂教学,建立以学生为主体的学习模式,课堂教学时间可以更高效地用于发展学生综合解决问题的能力。

参考文献

[1] 孙卫,袁林洁. 构建"以学习教育为中心"的教学模式. 中国大学教学,2008(12):20-22.
[2] 乔连全,高文. 基于问题的抛锚式教学——中美案例的比较研究. 福建师范大学学报,2008(3):153-161.
[3] 赵兴龙. 翻转教学的先进性与局限性. 中国教育学刊,2013(4):65-68.
[4] 王雯,胡雯洁. 布鲁纳教育心理学思想解析. 西安文理学院学报:社会科学版,2008(8).

"网络与人和社会"新生研讨课的设计和实施

毛科技　　赵小敏　　郝鹏翼　　陈庆章

浙江工业大学计算机学院，浙江杭州，310023

摘　要：面向新生的研讨课旨在引导学生熟悉大学学习方法，激发学生参与研讨的兴趣，并有针对性地构建起对专业的喜爱。本文指出了"网络与人和社会"新生研讨课的开设背景和目标，详细地介绍了课程的内容结构设计，并给出了课程实施过程中针对各个主题曾经讨论过的问题，以及课程授课模式和网站的利用。课程实施三年来，学生反应良好。学评教保持较高分数。

关键词：新生研讨课；大学学习方法；网络与社会；网络与人；课程设计

1　课程开设动机与目标

1.1　动　机

网络正在极大地影响并改变着我们的生活、学习和工作。这方面的影响和改变，我们关心，社会关心，学生也关心。这方面的问题，我们困惑，社会困惑，学生也困惑。这方面的力量如何能更好地形成正能量，来支撑我们的经济和社会发展，支撑我们的教学呢？我们想找到解决之道，社会想找到解决之道，学生们也想找到答案。

有了问题，而且是人人关心的问题，是有科学、技术、人文等众多交错交融的问题，那么它就衍生了相应的学科，其中最主要的学科是计算机科学与技术、通信、社会学等。这样，相应的专业和课程就应运而生。

"网络与人和社会"这门课程，就是在面临这样问题的背景下开设的。

我们开设这门课程动机可以归纳为：

（1）将学生带领到这一最新的研究领域中，而且这与学生学习和研究活动密切相关，与未来生活、工作环境密切相关，是学生兴趣所在。

（2）因为课程设计的问题大多有争议性且尚未确定答案，可以讨论的空间很大，可以发挥学生想象力的空间很大，所以课程内容能够带动学生建立思考的习惯、批判性思维的习惯、大学上课那种以学生为主体的讨论式习惯以及面向问题的学习方法。

（3）课程可以通过材料分析、学生讨论、教师协助和引导，建立对网络上一些问题的正能量看法，也可以对一些问题给出初步的解决方案，课程内容能够让学生产生"成就感"（我可以解决问题）和"差距感"（我尚不能解决很多问题），让学生在此基础上，激发学习热情、

毛科技　E-mail：maokeji@zjut.edu.cn

项目资助：本论文的工作获得浙江工业大学教学方法改革专项的支持。

热爱自己的专业、思考自己的专业兴趣，以及合适的理解网络和应用网络。

1.2　目　标

（1）就计算机网络的诞生和应用，对人类生活、学习和工作，以及社会各方面带来的影响进行研讨，以构成我们正确应用网络，积极发挥网络作用，并通过网络来支撑我们大学学习的认知、思考和行动。

（2）通过八个方面主题的研讨和研讨模式的课堂教学，形成对大学学习方法的认知和领悟，使得新生在讨论式教学、面向问题的学习、批判性思维方面，得到初步训练并养成初步习惯。

通过以上两方面的工作，使得该课程的开设可以达成四个方面的目标：①转变新生学习方式；②激发新生关于课程内容的思考；③带入与课程相关的研究领域；④培养学生的质疑思维和学习方法。

2　该课程要研讨问题的遴选

2.1　网络恐怖主义对国际网络安全会产生什么影响？

近年来，网络恐怖主义等网络袭击议题受到重视，从个体、组织、国家到次国家行为者等，皆可发现其踪迹及影响力，仿佛是一颗随时会引爆的炸弹，威胁着现今的国际关系与国家安全。有趣的是，网络科技发展尚未达到一百年的时间，但相较于过去文艺复兴、科学革命、工业革命时期，网络剧烈地改变了人类的生活环境与生活模式；进一步影响了各层次的运作方式，促使行为体之间的互动更加频繁，互动模式更加复杂。

近十年来，在网络科技的助力下，网络战（cyber-warfare）、计算机犯罪（computer crime）、网络恐怖主义如洪水般泛滥，网络恐怖主义仿佛一股催化剂，造成国际政治、经济、安全等区块发生了一系列新的化学变化，然而面临新的挑战时，现存的国际组织，甚至各国家本身，尚未拥有应对与处理新式威胁或不确定因素的共识。换言之，网络恐怖主义仍有许多灰色地带，等待我们加以讨论、厘清、探索及研究。

2.2　因特网发展对国家能力的影响几何？

近年来由于因特网的快速发展，因特网所引领的信息革命对人类社会生活造成了深刻的影响，几乎涉及人类生活的各个方面，其中广泛地包含了人类的经济行为（如交易模式等）、社会行为（如沟通形式等）以及政治行为（如选举操作等）。因特网议题转瞬间成为学术研究的新方向，众多网络议题在商学界、法律学界以及社会科学界引发了热烈的讨论。

在涉及网络议题研究的浪潮中，政治学界自然也没有被排除在外，而其中相关的讨论主要通过三个议题领域展开。首先，在纯粹政治学领域中，占据主流的是工具论的观点，聚焦于民主及制度的改革之上。其次，是国际关系学者所领导的全球化议题，在超国家的视野下，其论述的核心主要聚焦于因特网工具对国家的威胁。最后，则是公共行政学者所引领的网络"治理工具"等相关论述，相关讨论主要是通过一个工具性的视野来论述因特网所能提供的制度变革以及效率提升的可能性。

无论什么角度,网络已经成为国家能力的一个部分是毫无疑问的,那么网络究竟是如何提升国家能力的,就非常值得学生们认识和探讨。

2.3 网络环境对个人隐私影响性在哪里?

隐私权的议题在百年以前就已出现,当时的隐私权争议只是单纯限制报纸报道个人的私生活,而且尚无法律可依循,且未与科技发生牵连。但是随着科技的发展,个人隐私权的保障不仅已列入法律规范,而且也与科技的关系越来越密切。

近年来,网络用户对在线隐私权的议题逐渐重视,而且要求以隐藏身份的方式(匿名或假名)来达到保护网络用户的目的。但是隐私权再加上匿名的主张对企业而言却如洪水猛兽,更有甚者将这种现象称为回到野蛮世界的第一步。而隐私权的主张再加上匿名或假名真的会损失巨大的社会成本吗?

该议题想以个人动机为出发点,尝试以实证性的方式,运用社会心理学中提出的架构,了解网络用户主张隐私权的背后动机,分析这个动机的来源以及影响个人动机的主要因素;并且运用情境方式,与身份识别方式加以配对,以找出在何种网络环境与身份识别模式的互相配合下,网络用户的隐私权主张会最强烈,何种情况下会最弱。

2.4 网络商店的开设对实体店面的影响究竟有多大? 趋势怎样?

网络的盛行与移动设备的普及化,使得网络购物成为现代人的消费趋势,更改变了商品的经营模式。越来越多的网络商店兴起,越来越多的消费者到网上商店购物,甚至现在已经发展到网商为了增加品牌知名度而开始设立实体店面。那么传统的实体商店在这种冲击和挑战下,其发展空间在哪里? 实体商店会消亡吗? 实体商店如何应对网络商家并赢回自己的市场?

我们试图从服务质量、体验营销、品牌形象认知、商品真假等方面,去分析网商与实体商家的优势和劣势所在,弄清各自发展的策略和趋势。这其中有很多有趣的事情和有趣的人物,让同学们想不说话也难。

2.5 网络语言对书面语言和日常交互语言有何影响?

刚刚过去的"520",很多人借此表达情感,其实"520"是网络上常常使用的沟通语言。与此类似,大家熟悉的"886"是"拜拜喽"的谐音,用来道别;"9494"是"就是就是"的谐音,用来表示赞同;等等。又如"虾米"是"什么"的谐音,这是来自闽南地区的方言发音;"酱紫"是"这样子"这三字的速读连音;"人参公鸡"是"人身攻击"的意思;"瘟都死"是 Windows 的谐音;"瘟酒吧"是 Windows 98 的谐音。

网络语言并不能不加约束地发展,但很多语言可以作为新的词汇被正式用起来,这也是语言发展的象征。同时,也有很多语言没有生命力,容易产生混淆甚至很大的歧义,这就需要探讨网络语言如何规范、如何发展。

本议题也是学生们非常感兴趣的话题,拟将此作为本课程要研讨的内容。

2.6　网络在线教学活动对教师和学生带来什么挑战和机遇?

借助网络学习平台来支撑教师的教学和学生的学习,这已经有很多年历史,且依然在迅速发展中,例如如今的 MOOC、SPOC、移动学习平台等。但学生接受度如何? 学生在其中收获如何? 教师如何利用其发挥实效? 如何在网上进行有逻辑的系统的学习,而不是离散的非线性的学习? 这其中学生有话说、教师有尴尬。该议题也是值得探讨的。

2.7　网络媒体对传统纸质媒体甚至电视媒体有何冲击?

据统计,一个新的传播媒体普及 5000 万用户,收音机用了 38 年,电视用了 13 年,互联网用了 4 年,互联网上的微博用了 14 个月。

对奥运会节目进行转播时,网络媒体说:运动员冲过终点后 5 秒钟,你就将看到比赛结果;30 秒后,将看到图片;1 分钟之后,有报道;5 分钟之后,将有详尽报道……

移动媒体已经深刻地改变了人们的生活、阅读方式,传统媒体在这场技术革命中正面临着前所未有的挑战。其中重要的一点是传统媒体的权威性正在逐渐丧失,主流媒体在行业中的垄断地位受到挑战。

另外一点是自媒体的逐步崛起。以震惊世界的韩亚空难为例,第一个发出空难消息的不是任何一家官方媒体,而是身处事故现场的一位网民。网民利用微博发布了文字及图片,赢得了发稿速度及现场优势,这是任何传统媒体无法取代的。

美国的《新闻周刊》(*News Week*),已经出版发行 80 年,在 2013 年 12 月 31 日正式停止印刷,转而出版网络的新闻周刊,命名为《全球新闻周刊》(*Newsweek Global*)。2009 年,《纽约时报》发行量约 90 万,2010 年发行量只有 85 万,以后逐年递减。

网络媒体可以取代媒体吗? 这问题一出口,学生一定会议论纷纷、争议不断。

2.8　网络对政府管理带来什么挑战和机遇?

电子政务、网上审批系统、电子签证、电子医疗、电子签名、电子识别,等等,一大串借助网络技术实现的政府管理和服务的系统诞生。它们使得原来的层次化管理,一下子跃变到扁平化管理,这给政府管理和决策都带来很多挑战。我们需要探讨这样网络环境大规模地渗透到每一个细节,会给政府带了什么变化。

如果学生们了解清楚了这样的背景,或许就会想到:我们可以更透明地监督政府的办事程序吗? 我们可以全程了解政府办事的进程吗? 这样的系统会减少政府职员的数量吗? 等等。

以上是构思本课程需要研讨的议题。一个课程教学效果好不好,内容是第一重要的,其次才是方法。所以,内容构思是任何项目首先应该重视和花费精力的。

3　实际教学中研讨的主要具体问题

新生研讨课很重要的是研讨议题的构思。这些议题既要吻合学生的知识背景,又要契合大学的专业布局,还要考虑批判性思维的建立等。要讨论起来,而且能引起学生主动讨论。我们在课程讨论议题上进行了精心设计。曾经讨论的议题列举如下:

(1)关于网络对我们的影响的讨论题。

①请预示一种新的网络应用领域。

②请你分析网络对你的专业有什么影响。

③你可以避开网络吗？请设想你有若干天,坚决不使用网络,那是什么情景。

(2)关于网络对就业影响的讨论题。

①哪些行业在就业方面受网络技术影响最大？这些影响是一直下去还是阶段性的？

②哪些新的行业会诞生？这些新诞生的行业是否会弥补失业？

③哪些人员会因为网络技术而受到失业的威胁？

(3)关于网络安全的讨论题。

①手机用户有必要频繁升级操作系统和 APP 吗？

②手机有必要安装安全软件吗？如何选择？

③使用手机进行网上交易安全吗？

(4)关于网络对学习方式带来的变革的讨论题。

①你平时利用网络平台来学习课程吗？

②你最熟悉的国内外学习网站是什么？

③网络对学习方式和学习效果带来的正面作用是什么？举例说明。

④网络对学习方式和学习效果带来的负面作用是什么？举例说明。

(5)关于网络对商业环境影响的讨论题。

①电子商务给政府监管带来哪些挑战？

②电子商务所带来哪些新兴工作模式主要有什么特点？

③电子商务带来的新的行业、职业、岗位？

④电子商务会使实体店消失吗？如果不会,那实体店会如何演变以应对电商的挑战？

(6)关于网络对媒体业影响的讨论题。

①网络媒体环境下的信息生产与传统媒体环境下的信息生产有何不同？

②因为网络媒体的发展,哪些新的工作岗位诞生了？

③网络媒体的舆论控制和引导如何进行？

④你的专业与网络媒体有什么关联吗？

(7)关于网络对语言文字影响的讨论题。

①你印像最深刻的网络语言是什么？为什么这样印像深刻？

②网络语言的积极作用在哪里？

③你认为哪些网络语言可以进入书面语言,哪些不能进入？

④作为网民,创造网络语言有哪些基本规律和原则？

(8)关于网络恐怖主义的讨论题。

①你如何理解恐怖活动的动机？

②你如何理解网络恐怖活动的发展态势？

③移动平台成为恐怖活动的场所之一后,请你设想会发生哪些新的恐怖活动？

4 教学方法的逻辑

本课程实施效果如何,就看学生是否可以讨论起来。尽管老师感觉议题可以激起学生兴趣,与学生背景有相关度,但是否可以形成讨论,尤其是形成热烈、踊跃的讨论,还取决于老师采取的方法,以及机制配合。

本课程除了第一次课是随堂讨论外,其他课时内容的讨论都是采用如图1所示的逻辑。

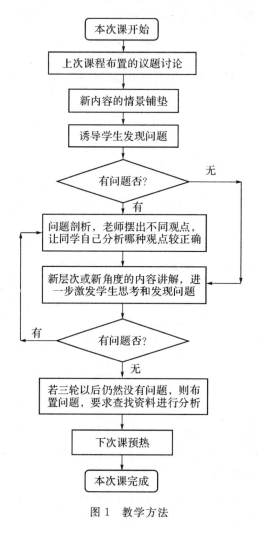

图 1 教学方法

5 课程网站的利用

课程网站是支撑该课程实施的重要平台,学生们主要依靠该网站进行预习工作。该课程网站是搭建在大学计算机网络基础之上的。学生可在该网站完成课程 PPT 上载、学生作业展示、课程通知、离线答疑等环节。

网站的一些主要界面如图 2～图 8 所示。

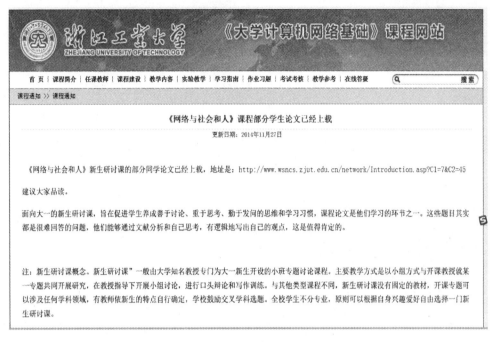

图 2   课程通知

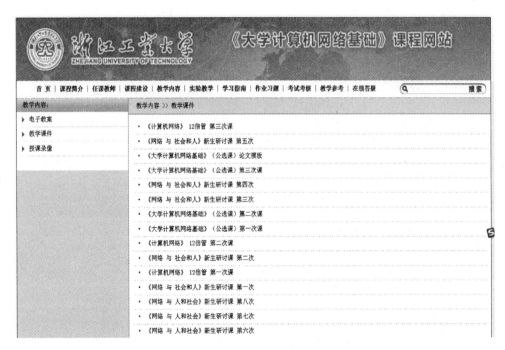

图 3   课程 PPT 上载

浙江工业大学
ZHEJIANG UNIVERSITY OF TECHNOLOGY
《大学计算机网络基础》课程网站
首 页 | 课程简介 | 任课教师 | 课程建设 | 教学内容 | 实验教学 | 学习指南 | 作业习题 | 考试考核 | 教学参考 | 在线答疑
搜索
作业习题:
作业习题 >> 作业展示
作业习题
作业展示
论文与项目
网络平台的普遍应用对大学图书馆带来的挑战和应对策略 赵昱
电子商务与实体商店竞争趋势的研究 王同磊
物联网的发展给环境保护带来的利弊分析 鲍毅鹏
网上学习的正面和负面作用分析 杜亦婷
电子商务与实体商务在营销模式上的异同 朱志翔
网络广告对传统广告的影响及发展趋势分析 张思成
因特网给保护知识产权带来的影响 付连波
网络动画引领未来动漫产业 严晨瑜
将公众无线网络应用与公共服务上的思考 朱尘尘
对于手机网络造成财产安全的探讨 盛燊琪
拒绝交出隐私 鲁国荣
网络隐私保卫大作战 周宇凡
个人网络交易平的账户安全拓展探究 米治胜
怎样防止你的电子邮件泄漏信息 裘骏艳
如何防止自己的QQ被盗取 谢增意

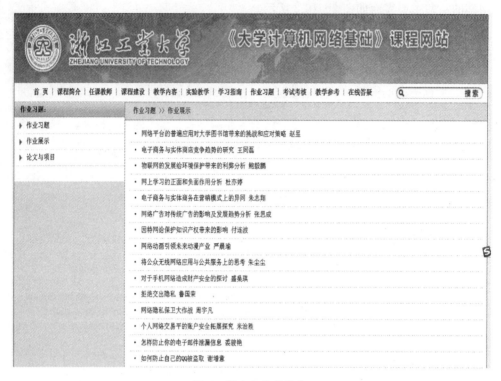

图 4　学生上载的作业

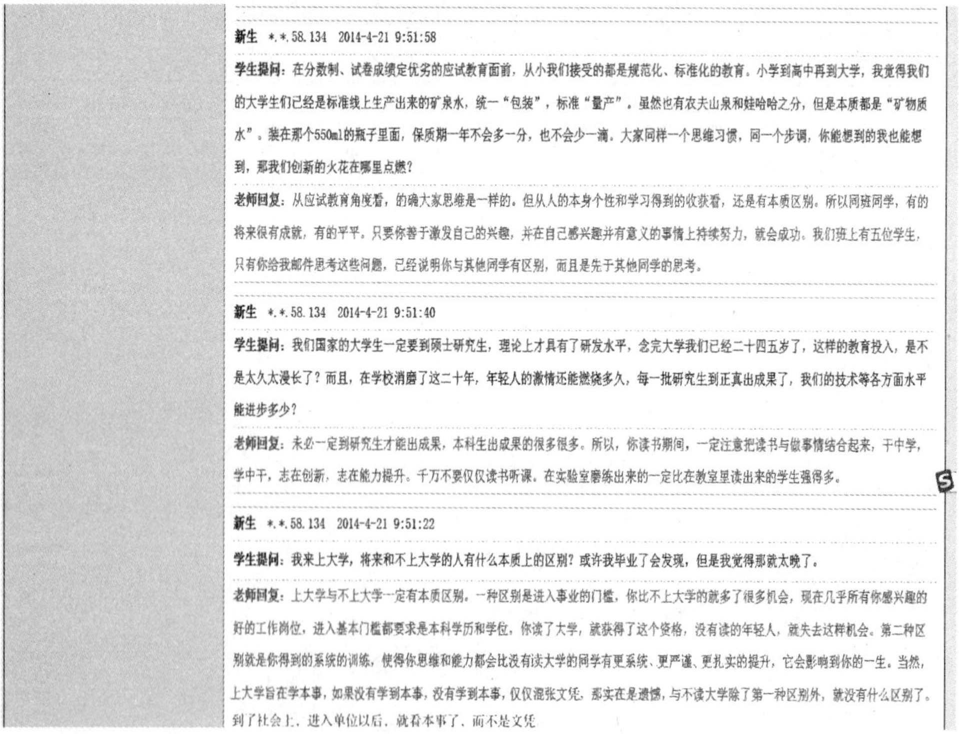

新生 *.*.58.134 2014-4-21 9:51:58
学生提问：在分数制、试卷成绩定优劣的应试教育面前，从小我们接受的都是规范化、标准化的教育。小学到高中再到大学，我觉得我们的大学生们已经是标准线上生产出来的矿泉水，统一“包装”，标准“量产”。虽然也有农夫山泉和娃哈哈之分，但是本质都是“矿物质水”。装在那个550ml的瓶子里面，保质期一年不会多一分，也不会少一滴。大家同样一个思维习惯，同一个步调，你能想到的我也能想到，那我们创新的火花在哪里点燃？
老师回复：从应试教育角度看，的确大家思维是一样的。但从人的本身个性和学习得到的收获看，还是有本质区别。所以同班同学，有的将来很有成就，有的平平。只要你善于激发自己的兴趣，并在自己感兴趣并有意义的事情上持续努力，就会成功。我们班上有五位学生，只有你给我邮件思考这些问题，已经说明你与其他同学有区别，而且是先于其他同学的思考。
新生 *.*.58.134 2014-4-21 9:51:40
学生提问：我们国家的大学生一定要到硕士研究生，理论上才具有了研发水平，念完大学我们已经二十四五岁了，这样的教育投入，是不是太久太漫长了？而且，在学校消磨了这二十年，年轻人的激情还能燃烧多久，每一批研究生到正真出成果了，我们的技术等各方面水平能进步多少？
老师回复：未必一定到研究生才能出成果，本科生出成果的很多很多。所以，你读书期间，一定注意把读书与做事情结合起来，干中学，学中干，志在创新，志在能力提升。千万不要仅仅读书听课。在实验室磨练出来的一定比在教室里读出来的学生强得多。
新生 *.*.58.134 2014-4-21 9:51:22
学生提问：我来上大学，将来和不上大学的人有什么本质上的区别？或许我毕业了会发现，但是我觉得那就太晚了。
老师回复：上大学与不上大学一定有本质区别。一种区别是进入事业的门槛，你比不上大学的就多了很多机会，现在几乎所有你感兴趣的好的工作岗位，进入基本门槛都要求是本科学历和学位，你读了大学，就获得了这个资格，没有读的年轻人，就失去这样机会。第二种区别就是你得到的系统的训练，使得你思维和能力都会比没有读大学的同学有更系统、更严谨、更扎实的提升，它会影响到你的一生。当然，上大学旨在学本事，如果没有学到本事，没有学到本事，仅仅混张文凭，那实在是遗憾，与不读大学除了第一种区别外，就没有什么区别了。到了社会上，进入单位以后，就看本事了，而不是文凭

图 5　学生的提问和教师答疑(1)

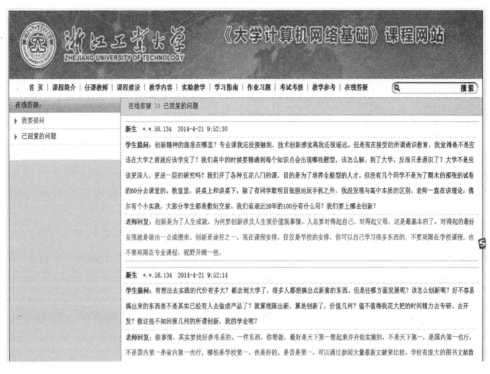

图6 学生的提问和教师答疑（2）

图7 学生作业

6 结 论

(1)研讨课将对新生从"考生"变成"学生"起到很好的引导作用。大一学生大多以应对考试的方式和态度习惯性地对待大学学习,所以,研讨课的开设,让他们感受到自己学习、思考、发现问题和解决问题的责任和要求,也让他们开始慢慢习惯大学学习的方式与高中的本质不同。

(2)研讨课将学生带入与时代或与学科紧密相连的知识领域和研究领域。网络对整个社会的渗透和改变,有很多新的模式诞生,也有很多问题值得探讨和解决,同学们通过这门课程的研讨,产生了对该领域问题的研究兴趣,更有学生提出要转入与该课程相关的专业去学习。

(3)不同专业的学生对同一问题进行研讨,产生学科交融的很多奇妙想法,促进了学生的创新思维。因为该课程研究的问题本身就涉及众多学科,也与学生生活、工作和学习背景相关联,所以学生们在讨论时会碰撞出很多火花,使得学科专业之间的交错、交融和和谐不断地呈现出来,也让学生对自己的专业有了不同角度的认识。

所以,我们体会到,新生研讨课的课程主题(名称和内容)一定要选好。要与专业导论课、科学知识普及课严格区分开来。新生研讨课的课程大致有以下特点:

(1)研讨课有与学生背景相关的值得研讨的问题,并且这些问题会激发学生认识自己的专业、热爱自己的专业、对专业选择产生新的想法。

(2)研讨课以批判性思维来推进课堂讨论,形成教师不是真理、教材不是真理的理念,真理在讨论中越来越清晰,以此养成将来学习专业基础和专业课时的思维方式,敢想、敢质疑、敢迎接挑战,这种学习方式对创新意识促进很大。

(3)不要局限于教师选定的教材,有教材也可以,没有教材或许更好,让学生通过网络、图书馆、书籍数据库等广泛涉猎不同学术观点、技术方案、典型案例等,真正让"考生"转变成"学生"。

三维动画课程教学方法研究

苗兰芳

浙江师范大学数理与信息工程学院，浙江金华，321004

摘　要：随着现代影视产业及动漫产业的迅速发展，三维动画作为核心课程已在很多高校的相关专业开设。本文对三维动画课程教学过程中存在的问题进行了分析和探索，目的在于完善三维动画教学在其内容、方法、环境以及师资、考评等各个方面中的不足，促进三维动画教学改革。

关键词：三维动画；教学内容；3DS MAX；教学方法

1　引　言

近几年来，随着三维动画技术应用技术的不断发展，社会对三维动画人才的需求日益增加，鉴于此，三维动画作为核心课程在很多高校的相关专业分别进行了开设。但由于三维动画课程在教学理念、教学方法上基本沿用了传统计算机课程的教学模式，使得与三维动画课程教学相关的教学理论和实践研究相对滞后。鉴于这些因素，本文在已有研究文献的基础上[1~6]，并结合自己的课堂教学经验，对 3DS MAX 三维动画教学中存在的问题进行了分析和探索，其目的在于促进三维动画教学改革，完善教学内容、教学方法等方面的不足，从而有利于培养适合社会需求的人才。

2　三维动画课程内容介绍

三维动画因为比平面图更直观，更能让观看者有一种身临其境的感觉，所以适用于那些未实现且即将实现的项目，使观看者能够提前领略那种无比精彩的效果。实现三维动画的常用软件有：3DS MAX 和 MAYA，它们都是由 Autodesk 公司旗下的 Discreet 公司开发并推出的。自 20 世纪 90 年代，3DS MAX 软件从图形工作站移植到微型计算机上之后，便受到众多用户的欢迎和支持。与 MAYA 相比，3DS MAX 更易学习，且功能强大，并集三维建模、材质、贴图、灯光、渲染、动画、输出于一体。其应用涉及：城市规划、建筑园林景观设计、工业产品效果展示、影视广告制作、游戏角色与场景设计等多个领域。其课程内容可以分为：三维场景的几何建模、灯光模拟、材质贴图编辑、动画制作以及渲染五个教学模块。

苗兰芳　　E-mail：mlf@zjnu.cn

3 三维动画教学中存在的问题

三维动画课程在教学理念、教学方法等方面基本上沿用了传统计算机课程的教学模式,因此,教学中必定存在一些问题。针对这种情况,本文通过分析该课程在教学内容、教学方法、教学环境以及考评等方面中存在的问题,旨在完善教学方法,从而提高课程的课堂教学效果。

3.1 教学内容上

(1)教材的选择。目前高校的部分专业中,使用的教材在内容上基本上是以 3DS MAX 软件教学为主,很少涉及与该软件的功能相关的计算机图形学和动画原理方面的知识介绍,虽然也有计算机图形学,计算机动画之类的课本,但这类课本专业理论性太强,不能很好地配合三维动画的教学。因此,建议在三维动画教学有关的教材中加上一些通俗易懂的动画原理方面的知识介绍,这样,可以让学生在学会使用三维动画工具软件的同时,也容易掌握三维动画原理方面的知识。

(2)教学内容的侧重点。三维动画课程所涉及内容中包括了三维几何建模,它从简单的基本形体开始,逐步修改、变形,得到复杂的模型,目前 3DS MAX 三维几何建模方法主要包括:几何体建模、多边形建模、NURBS 曲面建模,还有通过布尔放样等复合功能进行建模,对二维图形进行平移、旋转扫描得到的三维模型,利用已产生三维模型的线性或非线性变换产生新的模型等。仅建模这一块就包含了如此多的内容,因此,教师应该根据不同的侧重点进行有选择性地指导学生进行学习。三维动画教学内容中除了建模,还有材质、灯光和渲染等,也需要适当地安排到相应的教学环节中。

(3)教学内容的实践性。三维动画制作需要设计创作人员具备一定的综合能力。除了掌握三维动画制作的基本技能外,从事三维动画的创作人员还应具备一定的团队合作能力、沟通技能和创意能力。但由于 3DS MAX 课程教学内容很多,导致学生在学完这门课程后,掌握的内容比较松散,很难在某一方面精通,从而影响其今后找到合适的工作岗位。因此,在课程实践环节中,应该对学生进行合理的分组练习,在适当的时候为每个组的学生布置一个比较大的集体项目,以培养学生的团队合作能力。

3.2 教学方法中

(1)传统授课模式。三维动画课程普遍采用的授课方式是:课堂理论讲授和上机实验相结合。教师一般按照教材上编排的软件功能模块顺序,对软件的命令、参数和操作步骤进行讲授;学生在上机实验时,测试教师讲授的 3DS MAX 功能和命令并完成老师布置的一些作业。但很多时候由于授课时间和学生上机时间的分开,而使学生不能及时地上机练习课堂上的授课内容,从而降低了学习效率。为了更好地、及时地结合课堂内容和上机实践,建议把授课和上机实践练习时间尽量地安排在一起,使教学与实践练习有机地结合着进行,这样可以大大提高教学效果。

(2)案例教学。案例教学是三维动画软件教学中最常用的并很受学生欢迎的方法,但需注意的是:在不同的章节中必须选用适当的案例进行教学,忽略了这一点,就不能取得很好的教学效果。另外在案例教学中应该重视案例讲授的前铺后续环节,使学生明白案例所涉及的知识点和原因,从而可以使学生在上机实践时避免机械模仿,并有助于整合知识碎块,达到有效学习的目的。

3.3 教学环境和软硬件

教学环境和软硬件包括实验机房、教室及课程交流平台三个方面,如果能将这三个方面有机结合,可以有效地提高学习和教学效率。但由于办学条件,资金、设备投入的差异,三维动画课程的教学与实验环境存在较大差异。很多教学单位并没有针对课程特点建设相关的教学和实验场所,其教学环境依然是传统的多媒体教室和一般计算机实验使用的机房。教室和机房的机器性能,很难满足三维动画的需求,教师演示和学生上机练习时常常遭受卡机和等待。

三维动画课程教师演示内容不同于其他课程,该课程采用庞大复杂的三维软件,这些软件界面复杂、命令多、字体小,演示时又是快速变换的动态画面,受投影分辨率和空间距离的影响,距离屏幕较远的学生很难看清屏幕上的文字。因此,三维动画课程教学不适合大屏幕投影式教室,而应该放在具有局域网的计算机多媒体机房中进行,这样教师通过使用局域网屏幕广播系统后,学生可以在自己的机器上清晰地看到教师机屏幕。

3DS MAX 课程网站是学生增加课后沟通交流的平台,通过网站,学生能及时了解课程进展的信息。因此,为了提高学生的参与度,促进学生的交流,应该开发和拓展好课程的网络辅助平台,帮助学生更好地沟通和学习。

3.4 课程考评方法上

课程考评是教学工作的一个重要环节,是检验教学效果、确定学生成绩的重要手段。教师根据学生的平时成绩、考试成绩与实践的综合表现对每个学生的考核成绩做出科学的合理的评价,目前,较普遍的模式是平时作业成绩、期中和期末 2 次大作品成绩和期末的理论考试成绩,前 3 个成绩都由授课老师打分。这种考评体系在教学实践中也存在一些问题:首先,教师一人评分很难保证客观公正性。尽管老师有自己的评分标准,但是对动画作品的评分十分主观。况且教师有时也很难确定学生递交的作业是否是自己完成的。其次,重结果性评价、轻过程性评价的评价方式,往往使学生在学习中更加急功近利,忽视深入理解重要概念、基本原理和基本操作技能。

因此,为了避免上述情况的出现,课程考评中首先需关注学生的学习过程以及学生对知识技能的创造性应用等方面的表现,通过建立合理的考评体系,促进学生的深入学习和对知识技能的应用与创新。其次要让考评公开化、透明化、及时化,并对这些考评进行及时的量化,让每个学生看到评价过程,鼓励优秀的学生,鞭策落后学生。

4 结束语

与三维动画产业相比,三维动画教学的理论探索相对滞后。本文对 3DS MAX 三维动画课程教学中存在的问题进行了分析和探索,目的在于完善三维动画教学在教学内容、教学方法、教学环境以及师资、考评等方面的不足,探索三维动画教学的新模式和新理念,促进三维动画教学改革。

参考文献

［1］高义栋.云计算环境下三维动画课程设计与实践.硕士论文,2010.

［2］成轲.结合英国三维动画教学模式改革中国三维动画教育.科技风,2010(5):13-13.

［3］王岩松.浅谈高职三维动画课程教学方法.辽宁高职学报,2009,11(5):49-50.

［4］孟红霞,等.浅谈 MAYA 三维动画教学改革与实施对策.铜陵职业技术学院学报,2010(1):64-65.

［5］邓云青.三维动画教学改革初探.长春教育学院学报,2014(11):137-138.

［6］王森.高校三维动画课程教学方法探究.美术教育研究,2014(14):92.

机器视觉课程实践教学模式探索

王广伟　　潘洪军

浙江海洋学院数理与信息学院，浙江舟山，316000

摘　要：根据机器视觉课程特点，结合浙江海洋学院计算机、机电本科教育现状，对计算机视觉课程的实践教学模式进行了研究和探索。通过设置项目驱动教学，将专题讨论和实际操作引入课程教学。实践表明该方法可以有效激发学生的学习兴趣，提高教学效果。通过课程学习，学生具备较强的视觉检测项目的分析、设计、实施及运行能力。

关键词：机器视觉；视觉检测；教学改革；实践创新

1　引　言

机器视觉融合了图像处理、模式识别与人工智能、神经生物学、心理物理学、计算机科学、智能控制等多门学科[1,2,3]。课程主要讲述如何用计算机来模拟人的视觉功能，但并不仅仅是人眼的简单延伸，更重要的是具有人脑的决策功能，通过从视觉场景中提取信息，进行处理并加以理解，最终用于实际检测、测量和控制。工业中利用视觉检测技术可以有效地提高生产的柔性和自动化程度，提高生产效率、降低生产成本。机器视觉易于实现信息集成，是生产信息化的重要手段。目前很多高校依据实际需求，开设了计算机视觉及相关课程。

高校机器视觉教学重视理论教学而轻视实践操作，由于教学课时的限制，教师在教学过程中，重点讲述常用的数字图像处理技术的原理和使用方法，忽略了视觉硬件平台设计及机器学习等提高模块，使得学生课堂所学知识和实际工业应用存在较大差距，无法实现课程设置目标[4,5]。本科课程设计重基础、宽口径，很多学生不具备机器视觉课程要求的数学基础和编程基础，无法理解算法原理的推导和代码实现，更因为无法从枯燥的课程中寻找乐趣而失去学习兴趣，因此寻求一种新的教学方法势在必行。

2　课程特点与教学目标

2.1　课程特点

机器视觉理论创始人 Marr 把视觉信息处理过程分成了三个阶段[6]，如图 1 所示，其中图像底层处理包括图像获取、图像预处理和图像分割；中层处理主要为特征提取；高层主要

王广伟　　E-mail：Wangguangwei@zjou.edu.cn

项目资助：浙江教育厅项目（Y201328425）。

包括图像识别、分析、理解和描述。目前一个完整的机器视觉系统基本由这三部分组成,而机器视觉课程也主要围绕这三方面展开,因此视觉课程具有以下特点。

(1)课程内容复杂,理论抽象。机器视觉涉及计算机各个领域,算法繁多且复杂,数学表述抽象,学生难以理解。通过效果和算法流程演示可以提高学生学习效果,但要真正掌握算法精髓并能灵活运用存在较大难度。

(2)可操作性强,实验效果可定量评估。机器视觉是代替或辅助人完成特定工作,工作效果可以通过人工检测完成定量评估,如识别准确率和召回率、尺寸测量精度、算法效率等,学生仿真实验完成就可以完成实验效果评价,定量评估可提高学生学习兴趣。

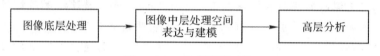

图 1　Marr 机器视觉系统

2.2　教学内容

根据本校计算机、电气本科生的特点,计算机视觉课程以“内容的基础性、方法的先进性、实验的实用性”为原则,对课程内容进行了适当的取舍和更新,使教学内容更加符合本校学生实际情况。教学内容重点围绕数字图像处理和 3D 视觉两部分开展。其中,数字图像处理部分主要包括常用的算法,如滤波、增强、边缘检测、形态学、分割等算法;3D 视觉部分主要包含空间几何变换、相机标定、3D 物体测量等内容。

机器视觉课程需要加强学生动手能力,合适的应用软件可以提高学生编程积极性。Halcon 软件是德国 MVtec 公司开发的一套完善、标准的机器视觉算法包[7]。该软件提供较为完善的底层硬件控制、图像特征提取、图像分析功能,较为完善的覆盖机器视觉的各个阶段,且代码可以以函数形式导出并在 C、C++、MFC、C♯等编译环境下使用。Halcon 软件的硬件无关性和较强的兼容性帮助学生在课程学习时,能够把实验中心放在算法实现上,提高实验效率。

2.3　教学目标

课程教学的目的不仅是通过课堂理论教学掌握本课程所涉及的知识和技术,还要与学生的实践动手能力与团队合作精神培养相结合,整个培养方案围绕理论知识、方案设计能力、团队协作精神三方面展开,在规定的课时中,提高学生机器视觉方面的专业素养。

3　多层次机器视觉项目设计

项目驱动是课程改革的核心,这是机器视觉课程的特点,涉及“讨论组”、“视觉认知实验”、“视觉综合检测实验”三类项目,使用陕西维视公司生产的视频采集卡、相机、镜头、光源等硬件设备和 Halcon10.0 软件,根据实验要求,设计方案并完成代码。

3.1　讨论组

由于机器视觉课程涉及太多数学基础和算法推导,且学生在学该课程前没有接触过

Halcon软件,很难顺利跟上教师的讲课进度,因此不定期的举办讨论组,由学生轮流讲述对指定问题的见解及存在的问题。讨论组采用5人一组,全班大概分成8个讨论组,选择专题之后该组每个学生要经过详细准备,查阅详细资料,完成软件仿真,并给出效果分析。讨论组的形式改变了传统的上课模式,这样既能实现以学生为中心,增强学生的自学能力、语言表述能力、概括总结能力、团队合作能力的教学目标,同时使教师能够及时了解学生对专业知识的掌握状况。

3.2　视觉认知实验

在机器视觉课程教学中,学生缺乏成就感是影响学生积极性的关键因素。纯理论学习和代码仿真使得学生感受不到书本知识实际用处,很容易遗忘,从而使学生在学习过程中产生挫败感,逐渐失去学习兴趣。结合所学知识,设计具有一定工业应用背景的简化实验,则可充分调动学生的学习积极性,提高学生的专业认知程度。实验为认知实验,每5个学生分一组,自己通过组装设备完成视觉平台搭建,完成指定任务并给出实验分析,分析内容主要包含精度和算法复杂度。实验项目如表1所示。

表1　视觉认知实验

序号	实验名称	实验要求	实验目的
1	图像采集与显示	控制相机,采集图片,保存并显示所采集图片	了解Halcon编译环境、熟悉相机操作
2	基于颜色水果识别	通过设定适当的颜色阈值,获取场景中指定水果种类和数量	熟悉各种颜色模型、了解形态学操作
3	零件尺寸检测	测量矩形零件宽度	边缘提取和亚像素测量
4	刮痕检测	检测金属板中刮痕	动态二值化、区域检测
5	相机标定	单目相机标定	了解相机标定过程,提高标定精度

3.3　视觉综合检测实验

综合类实验是在课程结束后,专门为对课程感兴趣并愿意继续深入学习的同学开设的,该类实验基本满足实际需求,需用较为综合的机器视觉知识且开发周期较长,如在机器人足球中较为关键的是机器人的定位和姿态检测,这需要用到双目相机的知识、目标检测、目标定位、空间位置检测、姿态检测,且需要有较高的计算频率,该类实验能充分提高特定学生的专业能力,为将来从事机器视觉及相关工作打下坚实基础。

4　课程考核

实践驱动项目涵盖了机器视觉的大部分内容,并和图像处理、人工智能、计算机程序设计等多门课程相关,所以采用了"理论教学(教师)+讨论(学生)+认知实验+综合实验"的模式开展教学,把枯燥的、被动式接受的课程变成互动、实验仿真相结合的课程,有效提高学生学习兴趣。通过4个方面完成对学生的课程考核:一是学生上课出勤和上课听课质量;二是讨论组学生的表现,如资料的准备、上台讲解质量、回答其他学生或教师的提问;三是视觉认知实验效果及在该小组中的工作量,包括准确率、复杂度、实验分析、实验报告;四是期末答辩,在指定的时间内,回答老师指定的问题,根据回答的质量进行定量评分。这 4 个方面的成绩比例分别为 3∶1∶3∶3,综合检测实验只针对部分学生,因此不进入期末成绩评价系统。通过对实验室部分感兴趣的参加教学实验的同学进行成果反馈,通过一学期的学习,学生普遍具有较强的动手能力。

5　结束语

本文结合计算机视觉课程的特点,探讨了通过师生互动、实践教学驱动的模式,激发学生的学习积极性,体会到在实践中探寻学习的乐趣,促进了学生的学习、动手能力的培养。另外,通过以团队形式完成课程相关的实验,也可以在一定程度上培养学生的工程实践能力和团队合作精神。

参考文献

[1] 张五一,赵强松,王东云.机器视觉的现状及发展趋势.中原工学院学报,2008(2).

[2] 李九灵.可重构的机器视觉在线检测方法的研究.武汉科技大学学报,2013.

[3] 任树棠,车文龙,张伟.可重构制造系统的发展研究.机电产品开发与创新,2009(5)

[4] 郭小勤,曹广忠.计算机视觉课程的 CDIO 教学改革实践.理工高教研究,2010,10(29).

[5] 曾宪华,李伟生,于洪.智能信息处理课程群下的机器学习课程教学改革.计算机教育,2014,10(19).

[6] 塞利斯基.计算机视觉:算法与应用.北京:清华大学出版社,2012.

[7] 金贝.基于 Halcon 的机器视觉教学实验系统设计.北京交通大学学报,2012.

"高级计算机网络"课程教学改革的调查与分析

谢红标　胡维华　田　晓　张君辉

杭州电子科技大学计算机学院信息工程学院，浙江杭州，310018

摘　要： 本文对杭州电子科技大学培养计算机研究生的课程设置及"高级计算机网络"课程的教学模式进行了问卷调查，调查对象是已工作了多年的计算机学院毕业研究生。从反馈数据的统计分析表明，我校计算机学院毕业的研究生绝大多数是在知名互联网公司、网络设备公司从事核心技术研发与项目规划管理工作；目前的研究生课程设置基本上是符合 IT 高新企业核心技术人员的知识与能力需求的，但尚需加强几门重要专业课程的建设；已实施多年的《高级计算机网络》课程的"内核源码分析、应用设计实践、新技术专题讲授三结合"的教学模式得到了毕业研究生的充分肯定，但其实践教学平台需进一步完善提高；另外，在当今"互联网＋"的众创时代，我校计算机研究生还需提高开源软件、开源硬件、创新技术与方法的能力培养。

关键词： 计算机研究生课程设置；高级计算机网络；开源生态环境

1　引　言

"高级计算机网络"是我校计算机科学与技术、软件工程两个一级学科研究生的学位课程，对攻读专业硕士学位的研究生是指定性必修课，对攻读科学学位的研究生是限制性必修课。长期来，研究生们也都十分重视该课程的学习，每届均有 100 余人修读，占研究生总数的 90％左右。另外，浙江理工大学、中国计量学院、浙江传媒学院等多所高校的部分计算机专业研究生也来选读该课程。

目前，国内知名高校的研究生计算机网络课程（大多也称"高级计算机网络"）总体上可以分成两大类，一类是按照传统的网络分层体系结构组织教学，主要是按经典教材作理论讲授，在深度与广度上比本科的计算机网络课程有较大提高；一类是按计算机网络前沿技术组织教学，由从事相关研究的多位教授分别进行讲授。2005 年开始，根据我校的人才培养目标定位和 IT 高新企业核心部门研发人员需求，对"高级计算机网络"课程的教学内容和教学方式进行了大力度的改革，研究并实践了一种完全不同于上述两类的"内核源码分析、应用设计实践、新技术专题讲授三结合"的教学模式，改变了原来的按教材讲授网络原理或按专题讲授新技术的单一的课堂模式。

谢红标　E-mail：xiehb@hdu.edu.cn

项目资助： 杭州电子科技大学研究生重点课程建设项目《高级计算机网络》(GK130101299001-24)；杭州电子科技大学高教研究课题《基于回归分析的高校课程评价模型研究》(XXYB1402)。

从每次课程结束后反馈的情况看,该模式得到了大多数在读研究生的肯定与好评。但是,对研究生课程改革最有发言权的还应包括已经毕业工作了多年的历届毕业生,他们通过工作实践得到的体会是最中肯与深切的。另外,无论是云计算、大数据、物联网、无线网,还是智慧城市等,其核心与基础都是计算机网络,在互联网+的众创时代,高校计算机网络课程应如何设置更要听听历届研究生们的意见。基于以上两点考虑,我们决定对已毕业多年的研究生进行一次系统的问卷调查与分析,以便进一步明确我校"高级计算机网络"课程下一步改革的方向。

2 问卷设计与调查实施

2.1 问卷设计

在充分了解浙江信息经济与二化融合对计算机高端人才知识和能力需求的基础上,结合对研究生实践和创新能力提升的考虑,进行了问卷设计。

问卷表主要由工作单位所属行业、工作岗位类别、工作专业技术所属领域,以及重要专业课程设置、适应科技发展所需要的知识与能力需求和对"高级计算机网络"课程教学内容、综合改革的建议等6个方面进行设计,具体内容包括:

(1)工作单位行业分类调查。调查就业单位属于互联网公司、网络设备公司、企事业单位信息中心、移动互联网、物联网等。

(2)工作岗位调查。调查工作岗位属于开发人员、系统维护和管理人员、项目规划和管理人员、销售人员、培训人员、行政管理人员、新技术研究人员等。

(3)工作专业技术所属领域调查。调查工作中所使用的专业技术领域属于软件工程与软件系统架构、计算机网络技术及应用研发、信息安全理论及应用研发、计算虚拟化与云计算、计算机图形学与CAD、计算机图像与视频处理、数字化建模与仿真、机器学习与数据挖掘、计算机感知与智能计算、智能系统与机器人学习、嵌入式系统、物联网技术等。

(4)"高级计算机网络"教学重点内容调查。调查"高级计算机网络"课程教学应该以什么为主:以深入研究计算机网络原理为主;以系统分析 TCP/IP 协议软件的设计思想、实现技术和应用研发为主;以从理论上介绍一些新的计算机网络体系结构为主;以较好掌握网络工程规划与系统集成技术为主;以较好掌握网络与信息安全技术为主;以较好掌握网页设计与网站建设技术为主;以较好掌握网络系统管理与维护技术为主等。

(5)新时代下计算机科技领域的技术人才最需要具备的知识与能力调查。

(6)"高级计算机网络"课程的综合改革建议(目标、内容、教材、实践、教学方式等)调查。

2.2 调查实施

本次调研采用随机向已毕业多年的本校计算机相关专业研究生发放调查问卷的方式。调查时间为2015年1月,共计发放问卷244份,回收221份,回收率为90.6%,有效问卷为203份,有效率为91.9%,数据采用 Excel 工具进行统计与分析。

3 调查结果与分析

3.1 工作单位所属行业调查

对我校计算机相关专业毕业研究生就业行业进行分类调查,返回结果统计如图 1 所示。

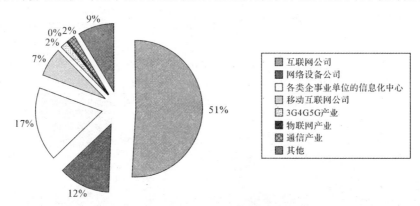

图 1 就业行业分类统计图

分析原因,我校计算机专业相关研究生主要在杭州、上海、北京、南京、广州等大城市以及长三角和珠三角地区的 IT 相关企业就业,而这些地区的互联网公司(如阿里巴巴、网易、腾讯、百度等)需要大量的中高端网络人才,吸收了大部分的毕业生(占 51%)。另外就业人数排第二的是企事业单位的信息中心(占 17%),这与政府部门推动电子政务,企事业单位加快信息化建设步伐有关,同时也与近 10 年来的公务员热有关。此外,网络设备厂商(如思科、华为、华三等)吸收的毕业生人数排名第三(占 12%),这与我校计算机网络课程的定位网络协议分析和网络产品设计与开发有密切关系。同时移动互联网公司也吸收了部分毕业生(占 7%),说明移动互联网应用正在迅猛发展和壮大。

3.2 工作岗位调查

对我校计算机相关专业毕业研究生从事工作岗位进行调查,返回结果统计如图 2 所示。

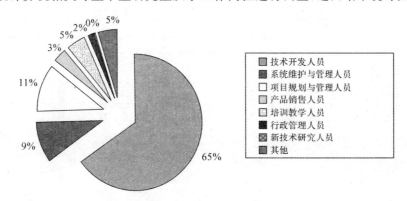

图 2 从事工作岗位分类统计图

根据图 2 分析,绝大部分毕业研究生(65%)从事技术开发工作,11% 的毕业生进行项目规划和管理,9％的毕业生从事系统维护与管理工作。这个统计结果与毕业生就业行业息息相关,就业最多的互联网行业恰恰是需要最多开发人员的行业,部分特别优秀的毕业生在工作多年后开始进入管理岗位,同时在企事业单位工作的毕业生主要从事系统维护与管理工作。目前调查结果中从事新技术研究的人数偏少,这与我校原来的人才培养目标定位有关。

3.3 工作专业技术所属领域调查

对调查对象在工作过程中所使用专业技术所属领域进行调查,返回数据的统计结果如图3所示。

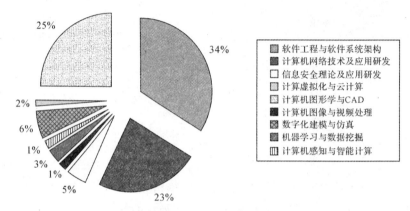

图 3　所使用专业技术所属领域统计分析图

根据图3分析,软件工程与软件系统架构、计算机网络技术及应用研发和计算机图像与视频处理排在前三位(分别为34％、25％、23％),这表明互联网企业需要软件工程和系统结构设计能力的人才,网络设备公司和企事业单位信息中心需要网络技术和应用研发能力的人才。同时,随着互联网视频和互联网教育的发展,对这方面的人才需求较大提升。

3.4 重要专业课调查

根据工作实践的体会,调查毕业研究生对所开设的专业课程重要程度的认识,返回意见统计如图4所示。

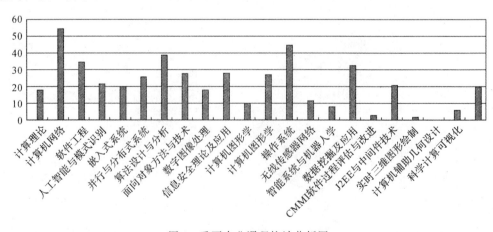

图 4　重要专业课程统计分析图

根据图 4 分析,计算机网络、操作系统、算法分析与设计、软件工程、数据挖掘与应用、面向对象方法与技术、信息安全理论及应用、计算机图形学等普遍被毕业生认为是最重要的 8 门专业课程。

3.5 "高级计算机网络"课程教学重点内容调查

为了更好地调整"高级计算机网络"课程的教学内容,向毕业研究生问询了对该课程设置重点教学内容的意见,统计结果如图 5 所示。

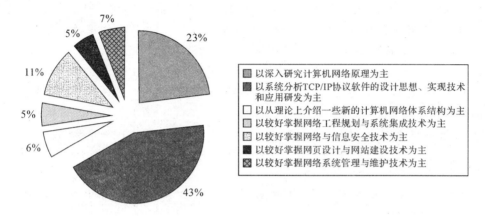

图 5 "计算机网络"课程重点内容统计分析图

根据图 5 分析,毕业生普遍认为"高级计算机网络"课程教学内容应侧重于 TCP/IP 协议设计思想、实现技术和应用研发(占 43%),深入研究计算机网络原理(占 23%),以及网络与信息安全技术(占 11%)。这与近年来网络安全关注度越来越高有密切关系,同时研究生不同于本科生,他们具有较好的网络原理基础,更需要掌握深层次的网络协议设计思想与实现技术,并具有较强的开发基于内核的各种应用系统的能力。

3.6 互联网十的众创时代下计算机科技领域的技术人才最需要具备的知识与能力调查

根据调查反馈,普遍认为需要下列知识和能力:

(1)扎实的基础理论技术:包括计算机网络基础理论、软件开发基础理论、算法分析与体系结构、编程语言、Linux。

(2)很强的动手能力:包括网络协议仿真、网络协议设计和实现、大数据分析等,多参与实际项目开发以积累开发经验和解决实际问题的能力。

(3)创新意识和宽广的领域视野:IT 领域新技术更新很快,因此必须要有较强的学习能力、较强的创新创业意识和技术,以及对行业前沿领域和发展方向的把握,才能在竞争中处于不败之地。

4 基本结论

根据上述的调查结果,可以分析总结出如下的几点结论。

(1)我校计算机科学与技术、软件工程两个一级学科的毕业研究生 90% 以上是在 IT 公司工作,其中 50% 以上在 BAT(百度、阿里、腾讯)等互联网大企业工作,这与长三角,特别是杭州强大的 IT 实力有关,也表明了我校毕业研究生具有较高的技术与素质水准。

(2)85% 从事技术工作,其中 65% 直接从事技术研发,20% 从事项目规划、管理与系统维护工作,小部分毕业生从事新技术研究,这与我校研究生培养目标定位基本一致。

(3)90% 以上在典型的高新技术领域工作,其中软件工程与软件系统架构占 34%,计算机网络技术占 25%,计算机图像与视频处理占 23%,这与我校研究生计算机专业的培养方向基本一致,与浙江省目前 IT 企业的主要技术领域基本吻合。

(4)在数十门的研究生课程中,"高级计算机网络"、"操作系统"、"算法分析与设计"、"软件工程"、"数据挖掘与应用"、"面向对象方法与技术"、"信息安全理论及应用"、"计算机图形学"等对工作非常重要,我们要重点建设好这几门课程。

(5)80% 以上毕业生认同 TCP/IP 协议设计思想和内核源代码分析的必要性,以及深入研究计算机网络原理的重要性,这说明毕业了多年的研究生对"高级计算机网络"课程教学内容的改革还是充分肯定的。

(6)在继续坚持"内核源码分析、应用设计实践、新技术专题讲授三结合"教学模式的同时,尚需进一步完善实践教学平台的功能,加强实践动手能力的培养,改进考核评价的方法。

(7)需注重 Linux 系统及开源生态环境(开源操作系统、开源硬件及各种开源应用软件)等理念、知识和技术的培养。

(8)适度提高我校计算机研究生培养目标定位,建立更好的创新创业机制和平台,大力培养计算机研究生的创新思维与创新能力。

参考文献

[1] 李巍,李云春,等. 研究生计算机网络课程体系研究与实践. 计算机教育,2009(19).

[2] Li Zhengchao. The Design of Network Course Based on Blended-Learning Theory . Proceedings of 2011 13th IEEE Joint International Computer Science and Information Technology Conference(JICSIT 2011) VOL. 01 .

"软件工程"课程教学模式改革与实践

徐海涛

杭州电子科技大学计算机学院，浙江杭州，310018

摘　要：本文分析了软件工程教学中存在的问题，将互动式教学、启发式教学、项目驱动型教学的思想引入到课程的教学中，并根据实际情况加以融合调整，形成了一种实用的软件工程课程教学方法。介绍了该方法中案例项目选择、课堂教学组织、实训组织、教学资源、教学质量监控、期末成绩组成等改革环节。实践证明，该方法可以提高学生的学习能力、实践能力、创新能力、团队合作能力。

关键词：MOOC；翻转课堂；教学改革

1 引　言

"软件工程"是软件工程、计算机科学与技术类专业学科基础必修课程，也是一门综合性和实践性很强的核心课程，主要是介绍软件工程的基本概念和理论，其内容涉及传统软件工程和现代软件工程，从软件项目的分析、设计到实现，覆盖整个生命周期，包括软件质量保证、项目计划与管理等内容。根据培养应用型人才的需要，通过本课程的学习，可以使学生了解软件项目开发和维护的一般过程，掌握软件开发的传统方法和最新方法，为更深入地学习和今后从事软件工程实践打下良好的基础。

但长期以来，在本课程的教学过程中，普遍存在以下问题：(1)在教学内容上，重理论、轻实践，重视书本知识、理论知识的获得，而忽略了用于解决实际问题的能力。有部分高校在本课程的学时设置上，竟然没有或只有很少量的实训课时，导致学生在学习完本课程后，只是掌握了软件工程的理论知识，但在面对一个真实的软件工程任务时，还是不知如何下手。(2)在教学方法上，以课本为中心，教师掌控一切，学生只是被动地接受灌输，学生的自主学习能力得不到发展，参与实践的意识也较弱。(3)在教学形式上，虽然也会给出一些实例或小项目，但是对于整个课程来说，这些实例或小项目是孤立的、彼此没有联系的，导致学生掌握的知识也是零散的、不系统的，缺乏对课程的整体把握。(4)在教学评价上，往往以卷面测验为主，忽略实践考核。

针对"软件工程"课程的特点，近几年国内一些软件学院积极开展了工程教育改革探索和实践，如将案例教学法、项目驱动教学法、任务驱动教学法等引入到课程的教学中[1]。近几年来，我们一直在尝试针对"软件工程"课程的教学模式改革，在教学过程中融合互动式

徐海涛　E-mail：xuhaitaohdu@163.com

金洁洁　E-mail：jinjiejie@hdu.edu.cn

项目资助：本文为浙江省 2013 年高等教育课堂教学改革项目（编号：KG2013138），校 2014 教学模式改革课程（A101119D）项目成果。

教学、启发式教学、项目驱动型教学的思想，并根据实际情况进行调整，形成一种实用的软件工程课程互动研讨式教学方法。促进课堂教学从灌输课堂向互动课堂转变、从封闭课堂向开放课堂转变、从知识课堂向能力课堂转变。2014 年，"软件工程"课程被列入校教学模式改革试点课程。

2　相关教学方法简介

互动式教学法就是在教学中教与学双方交流、沟通、协商、探讨，在彼此平等、彼此倾听、彼此接纳、彼此坦诚的基础上，通过理性说服甚至辩论，达到不同观点碰撞交融，激发教学双方的主动性，拓展创造性思维，以达到提高教学效果的一种教学方式。互动式教学与传统教学相比，最大差异在一个字："动"。传统教学是教师主动，脑动、嘴动、手动，结果学生被动，神静、嘴静、行静，从而演化为灌输式，一言堂，"我打你通，不通也通"。而互动式教学在根本上改变了这种状况，真正做到"互动"，"教师主动"和"学生主动"，彼此交替，双向输入，多言堂，"我打你通，你打我通"，奏出和谐乐章。

启发式教学，是根据教学目的、内容、学生的知识水平和知识规律，运用各种教学手段，采用启发诱导办法传授知识、培养能力，使学生积极主动地学习，以促进身心发展。启发式教学不仅是教学方法，更是一种教学思想，是教学原则和教学观。当代世界各国教学改革无一不是围绕着启发式或和启发式相联系。

项目驱动型教学法是德国职业教育大力推行的一种"行为引导式教学形式"。它以项目为主体，完全在项目实施过程中完成教学任务，是一种以现代企业的行为为目标，强调对学生综合能力培养的一种教学方式。鉴于在德国取得的成功，近几年国内大学也掀起项目驱动型教学改革的热潮，很多高校在计算机和软件类专业课程中引入项目驱动型教学，也取得了一定的成绩。

3　教学改革实践

3.1　教学模式改革思路

基于培养工程型软件人才的目标，我们在"软件工程"课程教学过程中，融合互动式教学、启发式教学、项目驱动型教学的思想，吸取其他高校的成功经验和教训，并根据本校实际情况进行调整，形成一种实用的软件工程课程教学方法，以全面提高学生的学习能力、实践能力、创新能力、团队合作能力。

在这个新的教学法中，加大实训环节的课时，整体的思路为：

(1)整个教学过程以完整的软件项目开发为主线，教师课堂教学以一个完整项目为案例，学生实训为另外一个完整的项目。

(2)教学过程中吸取启发式和互动式教学法的思想，按照"案例解说——尝试解决——设置悬念——理论学习——剖析方案"的思路组织教学。课堂讨论时间不少于课程总学时的 30%，使教与学真正"活"起来、"动"起来

(3)实训的组织方面，两位学生一组并肩工作，参与到实训作业中。基本上所有的软件

过程环节都一齐肩并肩地,平等地,互补地进行开发工作,紧密合作,时刻交流。这样可以使合作的学生更有效地交流,相互学习和传递经验;能训练更强的问题解决能力。同时,可以使学生更容易树立信心,从实训中获取更多的满足感。

(4)增加课外实训任务,学生课外实训时间与课堂学习时间比例大于 2∶1。此外,通过课程网站、微信群等方式加大课外辅导、答疑的时间。使学生的问题能够及时得到解决。

(5)针对传统的考核方式主要是笔试,在计算机编程类课程中并不能真正反映学生的实际开发能力,且容易出现抄袭作弊的现象,我们需要加大实训项目、平时课堂互动、随堂作业、随堂测试等在期末成绩中的比重,找出一个真正反映学生能力的成绩组成方式。

3.2 课程改革内容

本课程改革的具体内容及重点问题主要有:

(1)案例项目的选择。在项目驱动式教学中,案例项目的选择是一个非常重要的问题。如果项目过大、过难,则学生不容易完成,挫伤他们的积极性;如项目太小、太易,则涉及的知识点少,学生不能全面掌握软件工程各个过程的基本知识点。因此选择一个什么样的项目进行驱动教学是我们必须要考虑的问题。

另外,在我们的课程改革新方法中,针对传统项目驱动式教学法中教师课程教学与学生实训采用同一案例项目,从而易导致学生"照葫芦画瓢"缺少锻炼效果的缺陷,使用双项目驱动教学法。即使用两个项目,一个用于教师的讲解示范,它应该基本覆盖软件工程各个阶段的主要知识点,难易适中。另外一个项目是学生们的实训项目,考虑到学生之间水平的不一致,我们提供几个难易不等的项目供学生选择。如水平较好的学生小组,可选择具有一定挑战性、配合教师科研课题的项目。其他小组则可选择一些具有一定市场价值或经典的项目。

(2)课堂教学的组织。选定项目后,如何把这个项目在课堂中串起来,如何更有效的教学,都值得去考虑。在教学过程中,我们吸取启发式和互动式教学法的思想,按照"案例解说—尝试解决—设置悬念—理论学习—剖析方案"的思路组织教学。在课堂上,教师和学生之间要有对话和交流,同时学生对教师提出的问题要有响应。要实现教学互动,教师必须精心设计教学过程中不同阶段能够启发学生思考的问题,并且善于引导学生思考。

(3)实训的组织。在实训课中,需要学生在教师的指导下自己动手去开发项目。因此,如何合理有效地组织项目开发,使学生能够在实训项目中得到软件开发能力的提升是需要重点研究的问题。

在本课程的实训组织过程中,我们将两位学生分成一组,他们并肩工作,参与到实训项目中。小组成员一起分析,一起设计,一起写测试例子,一起编码,一起单元测试,一起整合测试,一起写文档等。这样合理的设计结对,对于最终效果有着重要的影响作用。一般而言,设计结对时应该遵循以下几点:

①尽量将性格融合的,技术互补的结对。并且在不同阶段,有针对性的组合,可以起到很好的作用。比如,一个严谨,谨慎的人,配上一个喜欢创新的人。

②不区分两者的地位,两者处于一个平等的地位。

③在设计、编码、测试前双方先达成共同意见,任务出错或不能完成时,应由双方共同负责,不能相互指责。两人意见不同时,由教师帮助解决。

(4)提供多种教学资源,引导学生自己解决学习问题。在我们建立的教学网站上提供大量的教学资源,有分门别类的高质量教学课件详细讲解教学重点和难点,有分章节的参考文献和参考书籍,有针对性的国际性网络教学资源,鼓励学生自己在网上查找资料解决问题。另外充分利用我校的网络条件,建立在线讨论栏目,教师就教学难点与同学开展讨论。

(5)建立有效的教学质量监控系统。包括学校教务部门定期独立进行的学评教,学生即时反馈,教学网站在线反馈,专家教师的听课评教制度,问卷调查,期末学生座谈会。及时与学生沟通,积累经验,解决教学难点。

(6)期末成绩的组成。传统的考核方式主要是笔试,这种方式并不能真正反映学生的实际能力,且容易出现抄袭作弊的现象。在本教学改革中,我们需要加大实训项目在期末成绩中的比重,找出一个真正反映学生能力的成绩组成方式。

传统的以理论考核为主的考核方式主要是笔试,试题的形式有填空、选择、简答、判断等。为了考取一个好的成绩,学生往往机械地背诵一些概念、原理,还有一些考试抄袭作弊的现象。这样的考核方式极大地扼杀了学生的学习兴趣,屏蔽了学生的动手能力。学生虽然在理论上掌握了很多软件过程的方法以及流行的软件工程模型,但是,遇到实践问题还是无从下手。这样的考核形式是与我们的培养目标相背离的。为实现由"知识考核"向"能力考核"转变,我们的软件工程课程期末成绩由平时成绩、期末笔试、实训项目成绩三部分组成。这三部分的比重分别为 15%、50%、35%。平时成绩要综合考虑平时课堂互动、随堂作业、随堂测试等。并且,在实训项目成绩中,按照每位学生在结对中的贡献值,同一结对小组的学生的实训项目成绩是不同的,避免在开发小组中"吃大锅饭"的情况。

4 结束语

基于培养工程型软件人才的目标,本文在"软件工程"课程教学过程中,融合互动式教学、启发式教学、项目驱动型教学的思想,吸取其他高校的成功经验和教训,并根据本校实际情况进行调整,形成了一种实用的软件工程课程教学方法。经过实践证明,该方法可以全面提高学生的学习能力、实践能力、创新能力、团队合作能力。

参考文献

[1] 教育部软件工程学科课程体系研究课题组. 中国软件工程学科教程. 北京:清华大学出版社,2005.

[2] 张忠林,王坚生,兰丽. 软件项目管理思想在"软件工程"实践教学中的应用. 计算机教育,2010(2):157-160.

[3] 鞠小林,文万志,陈翔,等. 卓越计划驱动的软件工程课程教学方案设计. 计算机教育,2014(23):57-72.

[4] 殷海明,魏远旺. 本科院校软件工程教学模式探索. 嘉兴学院学报,2013(3):133-136.

[5] 王迎,刘惊铎,韩艳辉. MOOCs 在中国发展的理论思考与实践探索. 中国电化教育,2014(1):52-60.

"大学计算机网络基础"研究型教学的实践

赵小敏　　毛科技　　陈庆章

浙江工业大学计算机学院，浙江杭州，310023

摘　要：研究型教学是提升学生分析问题和解决问题的重要途径之一，也是建立批判性思维的主要教学方法之一。论文介绍了在"大学计算机网络基础"课程中，作者是如何实施研究性教学的，包括从面向主题的教学转向面向问题的教学的思路、产生问题的途径、学生解决问题的方法，以及教师在研究型教学中应该充当的角色。论文还给出了一次具体课程的设计。本课程实施研究型教学已经四年，实践证明学生受益很多。

关键词：研究型教学；教学方法；计算机网络基础

1　背景与动机

1.1　教学质量提升面临的突出问题

大学的教学质量取决于三个重要因素：第一是教师对自己职业的高度责任心，认识自己的工作对国家、民族、家长和学生的责任；第二是教师履行职责所需要的专业知识和能力，对大学老师来说，特指学科素质和能力；第三是教师如何按照大学教学的客观规律，将知识和能力传授给学生并固化和升华的方法，可以简单地认为就是是否认知大学的教学规律并掌握大学的教学方法。

以上三个重要的方面，目前明显见到的差距就是第三方面。大学教师尤其是大批青年教师对大学教学方法认识不清，尚没有掌握大学教学方法，致使教学效果无法得到社会和学生的认可。因此我们常见以下现象：教师侃侃而谈，学生昏昏欲睡、精力无法集中；有的学生时常逃课，甚至以退选课程或要求更换教师等行动来表示不喜欢该位教师上的课；学生听课精力不集中，教师以考试施压学生，教室中充满不信任、紧张，甚至由此导致学生出现心理问题；等等。

从就业角度看，各类用人单位评价学生计算机能力的指标有很多，例如"发展潜能"，"表现与创新"，"团队合作"，"规划、组织与实践"，"运用科技与信息"，"主动探索与研究"，"独立思考与解决问题"，"表达、沟通与分享"等，但用人单位最关注的还是解决问题的能力。实际上，上述各个方面优劣都与解决问题有关。

在大一阶段或在大学公共基础课程进行研究型教学意义重大。这对改变刚刚进入大

赵小敏　　E-mail：zxm@zjut.edu.cn

项目资助：本论文的工作，获省课堂教学方法改革项目的支持。

学的学生的思维方式和学习方式具有重要作用,使得大一、大二的学习真正体现大学学习特点,而不是沿袭高中学习方法,使得大一、大二变相成了"高四"、"高五"。

1.2　研究型教学

所谓研究型教学,就是在学习过程中,引导学生发现问题,进而通过学生自己努力以及老师与同学的协助试图解决问题。发现问题、努力解决问题,这是研究型教学的显著特点。该过程是一种将许多已知的知识和技能加以组织,运用这些知识和技能找出解决问题的方法或途径。计算机公共基础课程是内容更新较快、能力要求较突出的课程,多数也在大一开设,既要培养学生解决现存问题的能力,也要培育发现问题、解决未来问题的能力,也就是研究能力。

学生的研究能力从哪里来?关键在于老师具有创意的研究型教学组织过程,该过程可以维持学生的学习动机和研究动机,否则学生很难有兴趣去跟进研究型教学。

目前就大学计算机公共基础课程的教学而言,尽管在各种场合中都常常听到面向问题(Problem-Oriented)的教学、面向项目(Project-Oriented)的教学等,培养学生分析解决问题的能力也是老生常谈,但实质上研究型教学模式并没得到落实。主要表现在:

(1)在信息科技时代,各行各业的知识多,获取的渠道也多。但多数教师仍是灌输一些枯燥的学习材料,让学生强记及反复练习,这样的教学方式僵化了学生的心智和能力。好像海绵吸水一般,吸进去的是水,挤出来的仍然是水,学习者本身并没有获得任何新的能力或新的知识。

(2)学习过程是一个有生命力、充满合作与社会互动的过程,必须强调培养与人沟通、团队合作及和谐相处的能力,或者说强调团队合作研究问题和解决问题之能力,但在目前的教学过程中,当学生学习遇到困难时,教师往往很少指导学生营造团队来合作解决问题,使得学生在性格上和解决问题的能力上都失去很多提升的机会。

(3)教师对教学策略研究较少,使得学生个性成长受到限制。每个学生都有解决问题的能力,只是必须借助适当的策略训练、引导和激发之后才能发挥出来。如果仅仅依靠教材、统一的传授告知或统一定期的笔试等,很难突破困境。学生也难以因为自己的能力获得成就感,其持久的学习动力就难以保持。

浙江工业大学于 2003 年提出了研究型教学的概念,希望教师们结合自己科学研究工作,结合专业培养目标,结合经济和社会发展需要,探索研究型教学的实施模式。本课题组在学习国内外知名大学教学经验基础上,结合自己教学研究和前期实践,提出了面向问题的动机激发(motivation of invention process,MIP)的研究型教学策略,以及解决问题过程的帮手(helper of invention process,HIP)的研究型教学历程。

1.3　课程目标

(1)将课题组已经积累的科研项目研究成果,较大面积地应用到以"大一"新生为主的计算机公共基础相关课程中,以面向解决问题的研究型教学为主要教学模式,改进大学生学习模式,支撑后续课程研究型教学的展开,推动大学教学质量尤其是课堂教学质量的提高。

(2)试图通过这样的推进,营造大学教学中批判性思维的建立。

(3)由此,从本质上提高学生创新思维的加强和创新能力的提高。

2 课程实施的基本思路

2.1 理 念

本课程教学方法将进行较大改革,从原来的面向主题的教学(subject based learning, SBL)逐步过渡到面向问题的研究型教学(problem based learning,PBL)。

教育改革的重要课题之一,是如何培养学生能将所学的知识用于实际并加以创新。由此必须培养学生独立思考与解决问题的能力,以求真求实的科学精神,锻炼具有观察、搜证、归纳、分析、推理、创意思考、发现问题、多元思考的能力,并据以找出可行的方案,合理有效地解决问题。以问题导向切入的研究型学习就是被认为可以有效地提高学生解决问题能力,并培养学生具有创新意识和创新能力的一种教学方法。

PBL有别于传统的SBL,师生之间不再只是传授者与吸收者这样的单方向沟通,在面向问题的导入和解决过程中,老师们扮演起指导者的角色,除了传授知识本身以外,更重要的是教导学生学习的方法;而学生的工作,不仅是吸收而已,还要透过PBL的整合式课程,学习如何搜集数据、分析整理、解决问题,并且在与老师、同学的关系互动中,培养出自己能主动、有效地学习的能力。

本课程的教学中遵循以下理念:

(1)所有教学活动都围绕当前一些学科真实运作问题展开。绝不照本宣科、纸上谈兵。

(2)学生是整个教学过程的主人,老师只扮演协调人、促进人(facilitator)的角色。每次导入要研究的问题之前,老师也会讲授一些相关的知识,但只是提纲挈领、点到为止,大部分还是学生自学、自悟。有时甚至是学生上台讲述,老师在台下当听众。

(3)强调群体协作,即所谓"team work"。课程将组织至少两次以上的小组讨论,每次学生都分成三到五人的小组,共同完成一个项目。最后同一小组的成员互相评分,通常按照各人的贡献大小决定小组中各成员的成绩。

本课程以要解决的问题切入,以研究报告为主要作业载体,从问题中引出要讲解的基础知识,把抽象的理论融入实际操作任务中,实现理论和实际一体化教学。

课程实施是利用真实或假设的个案,在班级分组教学时,学生经由脑力激荡后提出一些论点,导出一系列学习目标及其优先级,然后去图书馆、资源教室等,搜集数据,然后在下一次上课时,每一小组成员对所搜集的信息相互分享,并做深入的评估。

本课程日常考核以过程考核为主、阶段性考核为辅,最终考核建议以实际操作为主要实施途径。评价的目的是全面考察学生的工程能力和解决问题的能力,激发学生的学习兴趣与学习积极性。同时评价也可以促进教师注重教学方法、提高教学实践的有效性。

2.2 教学过程

课堂教学过程如图1所示。

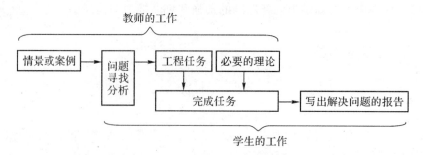

图 1　每节课的教学过程

每次课(两节 90 分钟)的教学时间按照以下分区控制：

(1)上次课程回顾：(5 分钟左右)

(2)新课导入：(10 分钟左右，含征询学生看法)

(3)讲述内容：(30 分钟，明确哪些讲，哪些不讲，不讲内容是需要学生自己学习和研究的)

(4)研究问题导入：(30 分钟，研究兴趣引导，研究基础的铺垫)

(5)作业布置：研究报告(15 分钟)

研究形式：个人或小组合作、规定评分方式。

2.3　教学设计

表 1 给出某次课的教学设计。

表 1

IEEE802.5 协议	
教学目标	①认识 IEEE802.5 的运作过程；②理解 IEEE802.5 协议组成；③分析 IEEE802.5 与 IEEE802.3 只优劣；④研究议题：IEEE802.5 被淘汰的原因和崛起途径
研究题目	IEEE802.5 如何改进才能重新崛起
教学过程	①IEEE802.3 回顾； ②找出 IEEE802.3 可能存在的问题； ③请提出无冲突传输的可能方案； ④IEEE802.5 引入和介绍，以及协议分析； ⑤IEEE802.5 生命周期简介，以及请学生分析其问题所在； ⑥我们很希望 IEEE802.5 焕发青春,可通过如何途径实现？
研究任务布置	①分析局域网各种协议利弊； ②分析生活中的各种高科技产品诞生和消失的基本规律； ③分析 IEEE802.5 的改进方式,从而焕发青春,赢得市场； ④以小组方式,撰写研究论文
下次课工作	小组答辩:可以给出不同答案,如能够改进而获得新生,不能改进则永远淘汰,等等。各种结论都可以。但要有依据

3 研究型教学策略设计

3.1 "问题"的定义

研究型教学的主要标志就是解决问题(solving problem)。所谓"问题",一般认为是必须运用一系列认知操作程序才能解决的"难题"。问题包含问题情境、已有的知识技能、障碍及方法等四个成分。解决问题的第一个阶段就是寻找问题。正如爱因斯坦曾说:"形成问题比解决问题更重要",所以培养学生解决问题的能力之前,要先培养学生寻找问题的能力。

3.2 问题的来源

怎样才能激发学生发现问题呢? 问题是课堂活动中发展出来的或学生自己想的,不应该只是老师提出来的或是课本上的问题。需要安排能引起学习动机的情境,设计多样化的教学活动,让学生从情境及活动中很容易触发问题。老师常常问学生:"有没有问题?"学生没有反应。学生不是没有问题,而是不知道问题在哪里,也可能对老师提出的问题没有兴趣。学生自己提出有兴趣的问题,才能激发其解决问题的动力。

3.3 问题的类型

研究型教学实施中,学生面临的问题大约分成三类:提供性问题(presented problem)、推理性问题(reasoned problem)、发现性问题(discovered problem)。提供性问题就是教师提供给学生解决的问题,它有一定的解答;推理性问题就是教师知道问题的解决方法与答案,但学生不知道;发现性问题是老师和学生都不知道会有什么问题,问题是从师生课程互动中发展出来的,解决方法与答案不固定,因人而异。实际中我们将上述分类更清楚地分成三种:已呈现好的问题(presented problem)、待发现的问题(discovered problem)及潜在的问题(potential problem)。三种类型的问题由易而难排列,第一类型的问题即是一般教科书上所呈现的已经设计好的问题;第二类型的问题是给一些明显的线索,让学生从矛盾中发现问题所在;而第三类型的问题则是让学生在隐晦不明的情境中,自己去创造出问题。研究型教学中最希望出现的是第三类问题。

3.4 "解决问题"的意义

解决问题就是想做某件事,但不能立即知道答案,所以必须采取一系列行动,对已有的知识、技能或概念、原理进行重新改组,形成一个新的答案或解决方案。解决问题一般有三个特点:①解决问题所遇到的问题是新问题,即第一次遇到的问题;②解决问题是一个思维的过程,它将已掌握的概念、原理根据当前问题的要求进行重新转换或组合;③问题一旦解决,在解决问题过程中形成的原理或规则就存储下来,成为学生认知结构中的一个部分。

老师提供给学生足够的发问时间与创思空间,引导学生找问题,找到问题后将要解决的问题转化成"作品",再把"作品"制作出来。虽然不是每个学生都具有很高的创造力,但是应该给学生不同的发展空间。有些学生只能做第一类的问题,就必须接纳他们依循课本做第一类的问题,等到他们的能力增加了,会从第一类进步到第二类,其至从第一类直接跳到第三类。

4　学生解决问题的方法

(1)自动。自动就是依自己的动机,运用材料和工具主动学习,在实际活动中完成工作。要实现自动,首要是激发学生的学习兴趣与动机,有了学习动机,学生才会主动学习。要培养学生主动学习,就是要引出学生的想法,让学生做出心里面想要做的东西,满足学生的心理需求,让学生发现创造之乐趣,学生才会主动创造。

(2)自做。自己设计、计划与执行,就是学生自我探索及"做中学"的过程。老师不要代替学生制作。当学生问老师"这个怎么做"时,借这个机会引导他、反问他,促进学生思考。还是无法解决时,请他写在黑板上,以进行你写我答,通过同伴互助,多方寻求解决策略。学生上交的作品是不是回宿舍后请同学替他做的呢?可以通过作品发表及作品说明书中"怎么做的"这一个项目观察出来。

(3)自学。自学能力是指一个人独立学习、获取知识的能力,实际上就是学生自己找资料阅读。自己上网、去图书馆、翻阅百科全书等找资料的过程本身就是一种学习,学生无须强记一些在计算机中轻易就可以查阅到的资料,他们可以腾出许多精力,在取得这些资料后进行分析和综合,即看资料的同时,脑筋一直在做重组经验的工作,有利于提高学生高层次的思维能力,这种思维的能力,也就是自学能力的核心。另外广义的自学也指自己找老师或同学讨论问题、解决问题,这个能力在日常生活中应用非常广泛。

(4)自愿。不急、不强迫,依个人的个性自然发展,塑造轻松舒适的学习环境。要尊重学生的自由意志,让学生愿意学习,乐于学习,而不是在强迫、灌输之下学习。

(5)自省。自己负成败之责,做不出作品不是怪老师不对、怪工具不好、怪同学不帮忙,而是先自省自己做事的方法,一面做作品,一面反思,才能实时做正确的决定。还要自省与人沟通的方式。沟通是合作学习的第一步,为了正确地将自己的想法传达给对方,避免说错、听错、揣测错说话者的意思,唯有时时反思,才能提升人际关系,并成功地解决问题。

(6)自评。自我评鉴,尤其是内部评鉴,可以促进自己持续发展并自我完善。知道为什么要采用这个解决方法,这个方法好在哪里,自己的作品优缺点在哪里,自评之后才能与他人比较,接受别人的批评与批评别人的作品。

5　结　论

研究型教学是研究型大学或教学研究性大学在教学过程中实施的一种主要教学模式。要实施研究型教学,首先要激发学生参与研究的兴趣,这些兴趣来自于各种各样不同层次的问题。所以解决问题是实施研究型教学的核心。

研究型教学与传统教学模式相比,会遇到比较多的问题和挑战,需要建立一种帮助机制,使得学生在团队的帮助中解决问题。这也是培养团队精神所需要的。

研究型教学实施过程中要充分发挥学生解决问题的主动性和能动性。包括自动、自做、自学、自愿、自省、自评等。

基于计算思维的"计算机基础"课堂教学探索

郑　芸　顾沈明

浙江海洋学院数理与信息学院，浙江舟山，316000

摘　要： 计算思维是涵盖计算机科学的一系列思维活动，计算思维能力培养是大学教育的一个重要任务，本文介绍了在大学计算机基础教学中基于计算思维教学的探索和实践。

关键词： 计算思维；计算机基础；课堂教学

1　引　言

"计算思维"（computational thinking）[1,2]是美国卡内基·梅隆大学计算机科学系主任周以真（jeannette m. wing）教授在 2006 年 3 月美国计算机权威期刊 *Communications of the ACM* 杂志上首先提出的。周教授认为，计算思维是涵盖计算机科学的一系列思维活动，包括运用计算机科学的基础概念进行问题求解、系统设计以及人类行为理解等方面[3]。能行性、构造性和模拟性是计算思维的特征。随着全球信息化的发展，网络（包括物联网）延伸到社会的各个角落，"计算机"变得无处不在、无事不用，并且目前数据的积累变得容易化、简单化，使计算思维越来越成为人们认识问题和解决问题的重要思维方式之一[4]。计算机专家陈国良教授在 CNCC 2011 特邀报告中提出在未来的社会里计算思维能力是所有受教育者应该具备的能力，大学教育的一个重要任务就是使大学生学会用计算思维去思考问题和解决问题[5]。

2　教学与实践

在中小学阶段大多数学生对计算机的基础知识及操作的初级应用已学习并有所了解。进入大学后，大学"计算机基础"课程是面向大学新生的计算机基础知识和基本技能的第一层次的普及教育，也是一门承上启下的重要课程。该课程是一门既有理论又有实践的学科，理论部分内容多、范围广，概念抽象，包括信息基础知识、计算机基础知识、计算机网络、数据库基础等多方面内容。实践部分要求学生掌握 Word、Excel 和 PowerPoint 软件的高级应用。高级应用是培养学生综合性的操作技能，其特点为完成一次任务一般需要进行多步操作，操作之间互相关联，动态性强、效率高。

大学阶段的"计算机基础"课程是在原有的知识基础上，进一步培养学生计算机素养和

郑　芸　E-mail：zhengyun@zjou.edu.cn

项目资助： 浙江大学城市学院精品课程（JP1202），核心课程群（HX1102）。

提高学生操作技能,表现为在内容上进一步深化和系统化,操作上进一步掌握软件的高级应用。目前在高校开展的基于计算思维的课堂教学改革,有利于学生学习兴趣的提高和知识体系的形成,更重要的是在此基础之上有利于学生计算思维能力的培养。下面就"计算机基础"课程理论教学方面和软件教学方面谈一些基于计算思维的教学设想。

2.1 理论教学

理论教学以主题为线索,重新组织和整合教学内容,并在内容上进一步挖掘提炼计算思维思想,在授课过程中,注重讲问结合,提倡师生互动。

(1)按主题整合内容。①按主题把相关的内容按照一定的次序进行组合,整合成一个模块,教学中进行层层深入剖析。比如信息与信息技术模块,其中包括信号、消息、数据、信息、信息熵、信息技术、信息处理、信息社会、信息系统等概念的了解、区别及联系;信息论发展的历史;信息的表示;计算机中的信息(重点);字符与汉字编码及编码压缩技术等有关信息的内容整合成成一个模块。②当主题中的内容错综复杂时,或把主题模块分解为几个子模块,子模块即是一个子系统,其自成一个体系。比如计算机硬件系统是一个复杂的工程,先把硬件系统划分为处理器子系统、存储器子系统、输入子系统、输出子系统及总线系统,对子模块逐个剖析,最后通过总线系统把子模块联系起来,组成一个整体。

在教学中根据教学内容的逻辑关系按主题模块整合教学内容,使教学知识更加系统化、条理化,益于学生知识的建构和教学中计算思维思想的组织和体现。

(2)计算思维贯穿。梳理大学"计算机基础"课程的教学内容,从中发现有很多知识点和案例隐藏着计算思维的思想,将这些知识点进行挖掘提炼。比如①从图灵机(现代计算机原型)到 ENIAC(世界上第一台电子计算机)到 EDVAC(具有存储程序控制的第一台计算机)到冯·诺依曼型计算机(现代计算机)到将来的智能计算机,科学家是如何推动计算机科学的不断发展。②在计算机硬件系统设计中,科学家通过提前预置缓冲思想,解决了高速的 CPU 的工作频率和内存存取速度不匹配的问题,同时提高了机器的工作效率。③通过哲学家进餐、理发师睡觉等经典问题阐述操作系统在管理计算机资源时的管理机制及发生冲突时的策略思想。④当需要解决的问题越来越复杂,科学家突破从上而下逐步细化的传统的面向过程思维方式,用另一种视角去审视事物和问题,提出了面向对象的解决问题的思想和方法等等。

在教学中将知识传授转变为基于知识的计算思维培养,使学生逐步建立起基于计算思维的意识,从中也是培养学生"如何像计算机科学家一样思维"。

(3)设置问题驱动。问题驱动的方式,就是采用从"计算机基础"课程的教学内容的知识中引出思考点。比如①通常学生熟谙数制转化的方法和步骤,通过设置问题引导学生进一步探究数制转化方法的思想原理。②众所周知 CPU(中央处理器)中的计算器是一个以 2 为模的加法器,启发学生进一步思考加法器也可作减法运算的其中奥妙,等等。

在教学中设置问题,引导学生有效地思考、积极讨论,鼓励学生回答问题、探索问题的解决方法,使学生通过思考问题和解决问题的过程,逐步养成计算思维。

2.2 软件教学

在软件教学中,通常往往强调的是操作技能的学习,而刻板的操作技能意味着简单的机械重复,而计算思维是根本的、不是刻板机械的技能。所以在软件教学过程中,在进行操作技能学习的同时更要注重"软件中思想的教学",即软件基本概念的学习和软件实用性等方面的教学。

(1)强化概念学习。概念学习是为了更好地提高操作技能,只有在对软件中的概念理解掌握的基础上,才能熟练操作并灵活运用,而不是简单的、机械的模仿。①由于软件版本的升级,界面、操作方法及内容会不断更新,而软件中的一些概念相对固定不变的,所以概念的掌握,有利于提高学生适应和学习软件的能力。②概念是基础。比如 Word 中大部分的高级应用是建立在"节"和"域"概念基础上的应用;Excel 中的多重嵌套公式是在 Excel 基本函数概念基础上的拓展;PowerPoint 中的母板、模板、主题、版式、背景、配色等基本概念是组成演示文稿风格的基本元素。③概念的掌握有利于软件间概念的迁移,达到举一反三。在 Word、Excel 和 PowerPoint 软件中具有共性的一些概念,比如模板、样式、页眉页脚、批注、宏等,操作也具有一定的相似性。

(2)设计案例驱动。软件案例教学就是选用实用性案例激发学生学习的兴趣和学习的积极性、主动性。比如,在 Word 软件的高级应用中,选用了设计会议通知书、制作社团活动海报、使用邮件合并功能生成班级成绩单、制作邀请函及排版毕业论文长文档等案例;在 Excel 高级应用中,选用了学生信息登记统计、学生考试成绩分析统计、教材订购情况分析、停车场费用统计等案例;PowerPoint 通过演示不同主题的精彩幻灯片案例,激发学生自己创作的激情和冲动。在教学过程中,这些案例实用性强,学生学习的积极性高、学习效果明显,同时也提高了学生的实操能力。

参考文献

[1] Jeannette M. Wing. Computational Thinking. Communications of the Acm,2006.

[2] Jeannette M. wing. Computational Thinking and Thinking about Computing Philosophical Transactions. Series a,2008.

[3] Jan Cuny, Larry Snyder, Jeannette M. Wing. Demystifying ct for Non-Computer Scientists. Work in Progress,2010.

[4] 李晓明,蒋宗礼等.积极研究和推进计算思维能力的培养.计算机教育,2012(5):1.

[5] 陈国良.计算思维.中国计算机学会通讯,2012,8(1).

财经类院校"算法分析与设计"教学方法实践

周志光　刘亚楠

浙江财经大学信息学院，浙江杭州，310018

摘　要："算法分析与设计"是计算机学科重要的专业课程，对学生系统地利用计算机解决实际问题有重要的学习意义，对其未来的考研和就业也具有重要的意义。本文从财经类院校教学对象分析出发，引出教学思想，进而介绍所采用的教学方法和策略，并对教学效果进行评估，最后进行教学反思。希望通过总结经验，分享过程，实现对教学的进一步优化和改进。

关键词：算法分析与设计；教学对象；教学方法；教学评估；教学反思

1　引　言

"算法分析与设计"这门课是面向计算机科学与技术专业学生开设的一门专业选修课。与学生之前学习的程序设计基础课程不尽相同的是，该课程不仅要求学生学会用计算机语言解决实际问题，而且要求学生掌握判断算法优劣的分析原则，进而帮助他们更好地运用计算机编程语言去分析与解决实际问题。

"算法分析与设计"不仅是计算机专业较难的专业课，也是计算机专业重要的专业课。而且，财经类院校的学生通常非第一志愿考取计算机专业，因此该课的教学难度较大。传授学生专业知识，提升学生动手能力，激发学生学习兴趣，增强学生的专业信心，是该课的主要教学目标。

因此，在"算法分析与设计"的教学过程中，考虑引入多种教学策略与方法，以更好地实现教学目的，达到预期的教学效果。例如，结合生活中的实际例子，启发学生自己动脑思考，发现解决问题的最好办法；针对每个问题，总是让学生找出最容易想到的解决办法，进而引出教学内容，讲解更加优秀的算法，通过对比不同算法，加深学生对算法的理解，提升学生们的学习兴趣；强调实践教学，对于每类算法中的经典例子，课堂上亲自动手实践，帮助学生掌握算法设计与实现过程，并且故意留下漏洞，让学生主动地挑毛病、找错误。学生往往对寻找老师犯下的错误乐此不疲，如此能增强学生的学习积极性，而且让学生对此类错误的记忆更加深刻。在平时作业和期末考核阶段，均引入以学生为主体的教学方法，让学生自己选择题目并登台演讲，通过这一环节，会发现学生会讲解的算法都很精彩，让老师出乎意料。进而，让学生把演讲的内容转化为笔记的形式，由老师亲自整理、校对笔记，装订成册，以备学生们以后复习所用。

周志光　E-mail：zhgzhou1983@163.com

刘亚楠　E-mail：baby-lyn@163.com

通过"算法分析与设计"的课程学习,学生不仅能学会算法的原理及应用,而且可以通过实际问题的分析与解决,提升编程、调试、自学的能力,增强学生的专业学习兴趣。帮助学生建立相信自己能够学好算法、能够学好专业课的信心,不仅为后续专业课学习打下基础,而且也为日后工作、学习做好了准备。

2　教学对象分析

"算法分析与设计"是为计算机科学与技术专业开设的一门专业课。然而,与其他理工科院校不同的是,财经类院校的学生大部分并非第一志愿考取信息、计算机专业,因此在教学过程中主要存在以下四点问题。

(1)学生在学习"算法分析与设计"这门课之前,已经学习了几门重要的专业基础课,如"程序设计基础"、"面向对象程序设计"及"数据结构"等,然而尚存在对这些基础知识不能深入理解、灵活运用等问题。

(2)学生普遍存在动手编程能力不强的弱点,且不具备较强的程序调试能力,自主学习能力欠缺,而这些均是计算机专业人才培养的必备要素。

(3)由于学生比较倾向于财经类专业的学习,所以普遍对相对较难的计算机专业课兴趣不高。IT行业是比较辛苦的,如果没有较强的学习兴趣,学生难以在这条路上走得好、走得远,因此,如何培养学生学习专业课的兴趣也是至关重要的课堂教学因素。

(4)学生普遍对财经类院校工科专业的毕业前景存在疑惑,这也是学生学习效果不佳、学习兴趣不高的本质原因之一。因此,希望能够通过"算法分析与设计"这门课的学习,帮助同学们摒除心中的疑惑,相信只要自己努力就会有好的结果。

3　教学目标确定

根据教学对象的分析,教学目的的设计涵盖如下几个方面。

(1)传授知识。在学生基本掌握C、C++等编程语言,深入学习数据结构、面向对象编程的基础上,进一步加强学生对数据结构、面向对象编程的理解与应用,为后续专业课学习、毕业设计以及考研、就业打下基础。

(2)提高能力。针对具体的某个问题,学会利用优秀的算法获得其高效解决办法只是一个短期目标。为了能够提高学生在未来学习、就业时的竞争力,希望通过本课的学习能够提高学生当前亟须培养的编程能力、自学能力。这是本课的长远目标。

(3)激发兴趣。IT行业是非常辛苦的,如果没有强烈的兴趣爱好和成就感支撑,学生很难在未来软件工程师的职业道路上走得很远。因此,本课更高层次的目标是通过分析实际问题,由同学们亲自完成不同算法,进而对比不同的解决办法,从实践中寻找乐趣,获得成就感。

(4)重拾信心。针对部分本专业不看好、自暴自弃的学生,希望通过本课程的学习以及对某一个问题的具体分析与算法实现,帮助他们对计算机、编程、软件开发产生新的认识,结合金融、财经领域的相关背景,对自己的未来充满希望。这是本课的终极目标。

4 教学方法及策略

结合"算法分析与设计"的教学内容、教学对象及教学目标,本课程的教学思想包括如下几个方面。

(1)循序渐进。虽然学生在本课程之前已经学习过基本的编程语言,如 C、C++等,且对数据结构、面向对象编程进行学习,但是仍然存在部分学生存在基础不牢固、编程功底不扎实等问题。因此,本课程在教学内容的组织上按照循序渐进、由浅入深的方式,即由容易理解的递归、分治等算法开始入门讲解,进而开始教学重点内容动态规划及贪心算法的讲解,最后阶段研究相对复杂的回溯及分支限界算法的分析与设计。

(2)因材施教。本课程的学生普遍存在编程基础水平参差不齐的情况,统一的教材式教学往往达不到好的教学效果。因此,在布置课后作业及设计期末考核题目的过程中,充分考虑学生的专业基础及当前能力,区别对待,因材施教,既保证了专业基础不够扎实的学生的学习,又激发了基础较好的学生的探索热情。

进而,针对上述"算法分析与设计"课程的教学重点及难点分析,结合本课的教学目的,设计如下教学方法及策略。

(1)严格要求自己,对学生负责,对课堂负责,具有强烈的责任心。责任心是任何教学方法和策略实施的基本和前提。

(2)和学生之间保持密切的师生关系,亦师亦友,即寻找共同话题,频繁沟通与合作,使学生信任老师。同时,也要强调老师在学生心目中的严师形象,布置的作业及考核任务务必按照老师要求完成。

(3)强调"算法分析与设计"这门课的重要性。在计算机考研的四门专业课中,数据结构和操作系统两个科目直接应用算法,考研复试时,几乎所有高校都会设置算法设计类题目作为复试过程中重要的考核标准。在找工作的过程中,各大公司笔试、面试的重要部分也是算法。在日后的工作和学习中,算法也是必不可少。

(4)程序设计就是编写计算机认识的语言,让计算机帮助人解决问题。不同程序解决问题自然有好坏之分,需要通过算法分析、判断其优劣。结合生活中的实际例子,启发学生对最简单的方法进行改进,利用简单、生动的案例,让学生觉得计算机编程并不难,算法设计也很有趣。

(5)本课程的教学过程始终强调"纸上得来终觉浅,绝知此事要躬行"的理念。理解算法并不难,实现算法才是真本事。所以,对于每一类算法的经典问题,都由老师在课堂上亲自实现代码,带着大家体会代码实现的过程,而且故意设置许多问题,让同学们加深印象,学会调试程序,增强动手能力。

(6)所谓算法分析,就是对比不同算法的优劣,其实也就是对比算法的时间复杂度。实现最容易想到的算法,并且进一步实现优秀的算法。从算法的对比过程中,深度发现算法的优劣之处,增强对算法的认识与理解。而且,对算法实现过程中不同算法的解决方式进行对比,加深对算法设计的理解。

(7)在课程考核方式上,采取激励式教学方式。只要学生肯努力,均可在原有水平上有显著提高,并获得较好的成绩。

(8)课程的考核方式采用以学生为主体的课堂演讲及笔记整理方式。具体考核过程分为三部分,即平时课堂表现与课堂作业完成情况、期末选择题目登台演讲的表现以及笔记整理。期末由台下的学生对其讲解进行公开打分,且强调算法代码的实现与解释。笔记整理要求学生将题目的学习转化为文字,严格按照布置的格式进行填写,包括算法问题的描述、容易想到的解决办法、优秀的算法设计与分析、代码实现及效率对比等各个环节。最后将收集每位同学的劳动成果,集成一本课堂笔记,返还给大家,以备日后所用。

(9)鼓励学生做拓展学习与阅读,根据学生自身的情况,推荐他们读不同的书籍,对拓展学生专业知识面、增强学生学习兴趣,提升学生自学能力等方面均有好处。

5 教学效果评估

仅就当前设计的教学思想及相应的教学方法和策略而言,希望学生能够通过课堂讲解、课后笔记等方式,有效完成"算法分析与设计"这门课的学习,并且能够就此建立学习计算机专业的信心,增强学习兴趣。

6 教学反思

财经类院校"算法分析与设计"的教学过程仍然面临着一些严峻的问题。

(1)由于学生专业学习能力参差不齐,教学课堂存在一定的矛盾,讲解简单的问题无法满足基础较好的同学的学习欲望,讲解复杂的问题对于基础薄弱的同学来说有很大的挑战。尽管当前已经采用了因材施教的教学方式,区别化对待不同的学生,然而始终会受到统一的衡量标准所限,比如期末成绩、共同问题的分析与讲解。因此,在未来的教学过程中,将进一步平衡上述关系,争取做到有的放矢,满足不同学生的学习需求,最大限度地提升教学效果与质量。

(2)学生的学习兴趣以及其对专业的学习信心始终是"算法分析与设计"这门课的教学目标。尽管当前已经通过多种教学手段增强学生学习兴趣与信心,但仍然需要加强。在以后的教学过程中,将引入更好、更有效的题目,激发学生学习兴趣,提升学生分析问题与解决问题的成就感。

(3)当前的课程考核方式分为平时成绩、课堂讲解及笔记整理三部分,是创新式的期末考核方式。学生为了获得较高的成绩,会更加积极地参与期末考核。然而对于老师来说,需要对每位学生的笔记进行严格的分析与校对,工作量巨大。为了进一步加强教学管理,将在未来的教学过程中,引入分组机制,根据"算法分析与设计"这门课的教学内容进行分组,由编程能力较好的学生担任组长,帮助老师检阅小组同学的笔记。这不仅可以缓解老师的工作压力,而且也将进一步增强基础较好的学生的积极性。在检阅同学的笔记的过程中,组长也得到了很好的锻炼。

7 总 结

本文结合"算法分析与设计"这门课的教学,针对财经类院校理工科教学对象的特点,确定了有针对性的教学目标，采纳了循序渐进、因材施教的教学思想，设计了独特的课堂讲解、笔记整理等教学方法及策略，并在简单的教学效果评估后，进行了深刻的教学反思。希望能够与读者们分享教学经验，也希望大家能够提出宝贵的意见，帮助完善与优化"算法分析与设计"这门课的教学。

教学方法与教学环境建设

基于"翻转课堂"的实验教学模式研究

陈 琦 郑 劼 徐 卫

浙江工业大学计算机实验教学中心，浙江杭州，310023

摘 要："翻转课堂"作为一种新型的教学模式是近年国内外教学研究者关注的热点问题之一。本文结合教学实践分析了传统实验教学方法存在的问题，探讨了基于翻转课堂的实验教学模式，以期为实验教学翻转课堂的有效实施提供借鉴。

关键词：实验教学；教学改革；翻转课堂；教学模型

1 引 言

教育部《教育信息化十年发展规划(2011—2020 年)》指出，教育信息化的发展要以教育理念创新为先导，以优质教育资源和信息化学习环境建设为基础，以学习方式和教育模式创新为核心[1]。

"翻转课堂"作为一种新兴的教学模式是近年来国内外教学研究者关注的热点问题之一，国内很多学校的实践已经证明，翻转课堂在激发学生学习兴趣、改善课堂教学质量和提高考试成绩等方面都具有促进作用[2,3]。查阅文献可以看到，翻转课堂教学模式的研究多数是应用于理论课程教学的研究，应用于实验教学的研究还较少。本文结合笔者的教学实践，分析了传统实验教学方法存在的问题，探讨了基于翻转课堂的实验教学方法，介绍了翻转课堂实验教学模式的设计，以期为实验教学翻转课堂的有效实施提供借鉴。

2 传统实验教学模式分析

在传统实验教学模式下，实验教学通常是"预习报告＋操作实验＋实验报告"的形式。学生被要求在课前通过实验指导书进行预习，在实验课堂上，教师一般用 10～15 分钟时间集中讲解实验原理和实验环境，并演示操作过程，然后学生独立或分组完成实验，实验课后学生要完成实验报告。这样的传统教学模式存在以下几个方面的不足：

(1)实验学时少，导致实验内容层次低，一般实验课为 2～3 学时，对于一些综合性和设计性的实验，学生需要独立进行实验设计、设备调试、操作和数据收集分析，实验时间明显不足，慢慢地实验内容都沦为演示性的体验实验。

(2)实验预习效果不好，学生基于实验指导书完成实验预习，实验课堂中大量时间用在熟悉实验环境和仪器设备的使用上，用于实验观察、结果分析上的时间不足，教师经常忙于解答学生实验操作方面的问题，缺少专业知识层面的交互。

陈 琦 E-mail：chenqi@zjut.edu.cn

(3)课堂集中讲授效果差,实验上集中讲解的重点在实验环境、实验操作和实验原理上,操作性的讲解需要结合仪器设备。实际情况常常是一个班的学生围着教师观看操作讲解,因不同层次的学生接受能力存在差别,导致集中讲解效果不好。

(4)教师的重复工作量大,不同专业和班级常常开设相同实验,尤其是一些基础课程实验的重复率相当大,相同的实验教师需要重复对实验原理和实验环境的操作进行讲解,巨大的工作量使实验教师无暇改进教学方法。

3 翻转课堂模式下的实验教学

翻转课堂的教学模式颠覆了传统的课堂教学流程。在传统教学过程中,知识传授是通过教师的课堂讲授来完成的,知识内化则是由学生在课后通过作业、操作和实践来完成的。而在翻转课堂上,知识传授主要通过信息技术的辅助在课前完成,知识内化则在课堂中通过学生与教师的交流学习来完成。随着教学过程的颠覆,课堂学习过程中的各个环节也随之发生了变化[4]。翻转课堂的教学模式为实验教学提供了一种新的思路:如果学生能够在课前完成实验相关基础知识的预习,比如实验原理、仪器操作,就可以相应减少教师课堂讲授时间,将更多的时间用于进行实验指导,而学生则把更多的时间用于实验操作、结果分析和交流讨论,以解决学生动手实验机会少、实验时间不足、师生缺乏交互的问题。

3.1 实验教学与理论教学对比

高校的教学主要分为理论教学和实验教学。理论教学主要以教室为场所,教师的课内讲授为主要形式,利用理论教材,通过板书、投影等方式进行讲授,学生通过听课、思考、练习和讨论等方式接受知识。理论教学主要以传授知识为主,培养学生的思维能力、逻辑推理、演绎和归纳能力等,很多知识点都需要通过教师系统地讲授才容易被学生理解。实验教学以实验室为场所,利用实验环境、仪器设备和实验指导书,在教师指导下,以学生实验操作、实验观察、记录数据、分析讨论实验结果为主要教学形式,培养学生的动手能力、观察分析能力和独立解决问题的能力,加深其对理论知识的理解[5]。实验教学与理论教学各要素的对比情况见表1。相比理论教学,实验教学有其自身的特点:

(1)实验课程中需要讲授的知识侧重原理性、操作性方面,该类型的知识容易在课堂外进行传授和消化;而理论课程上理论概念、公式推导方面的知识较多,教师授课时常常需要大量推导分析讲解,这方面的知识相对不容易在课堂外通过自学获取。

(2)实验课的知识点较少,往往一个实验体现1~2个知识点,容易形成5~10分钟的视频教程;而理论课堂上知识点较多,一些课程中有些知识点可能还需要随堂习题加深理解,否则难以进入下一个知识点的讲授,这样的理论课程的知识传授视频制作存在一定的困难。

(3)高校中的实验课因受到实验场地、仪器设备等条件的限制,一般都实行小班化教学。但理论课很多都是大班授课,学生很难获得到与教师交流的机会。因而,小规模教学更适合翻转课堂教学模式的应用。

综合以上的分析比较,笔者认为实验教学比理论教学更适合翻转课堂的教学模式。

表 1　实验教学与理论教学各要素比较

	理论教学	实验教学
场所	教室	实验室
媒体	教材、板书、投影	仪器、实验指导书
讲授形式	教师课堂讲解	教师指导，学生实验操作
讲授内容	理论、概念	实验操作、理论原理的应用
班级规模	较大	小

3.2　基于翻转课堂的实验教学模式

本文根据理工科类实验课程操作性强的特点，主要结合计算机硬件类的综合性实验，设计了基于"翻转课堂"的实验教学模型，如图 1 所示。主要的教学流程是：在课前，主要通过教学微视频、指导书和自主开放实验等方式引导学生自学实验原理和仪器操作方法，最大限度地减少教师在课内的讲授时间。在课内，教师根据学生预习阶段出现的问题进行快速少量的重点讲解，学生按预先设计好的实验方案分工协作完成实验，记录实验数据并保存结果，教师组织学生开展讨论、分组测评，从而提高学生分析问题和解决问题的能力。以下详细介绍课前环节和课内环节的教学模式设计。

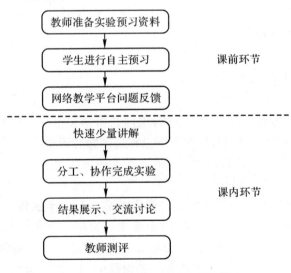

图 1　"翻转课堂"实验教学模型

（1）课前环节。

①教师准备实验预习资料。预习资料包括指导书、实验环境操作说明书、虚拟仿真软件、必要的操作视频、精彩作品成果展示视频等，具体根据实验项目内容而定。硬件类课程的综合性实验项目是任务驱动型实验，实验指导书指定了实验任务、实验要求、实验原理等，需要每个实验小组自己制定实验计划和方案。如果有需要，教师还可以为一些实验项目录制讲解性的视频，如实验原理讲授、仪器使用操作、关键实验步骤、学生实验作品展示等视频。讲解视频一般控制在 10 分钟以内，做到短而精，力求提高学习效果，部分硬件实验

项目可以制作虚拟仿真实验,学生在课前通过仿真实验来熟悉实验原理。

②学生实验预习。学生预习阶段可以根据实验项目内容灵活制定,不同层次的学生可以根据预习指导书和教学视频资源进行选择性学习。一些操作性强的实验,学生还可以到实验室通过试做实验完成预习,一来可以灵活支配时间,二来动手试操作比看视频更直观、更容易上手。在预习阶段,学生需要制定好实验方案和计划,并记录遇到的问题。

③在完成预习环节的基础上,小组成员对遇到的问题进行交流讨论,并将疑难点通过网络教学平台提交给教师,教师在实验课前汇总核心问题并据此决定在课内的讲解重点。

(2)课内环节。

①根据预习环节所收集的代表性问题,教师进行快速少量的重点讲授,解答学生在课前环节中提交的问题。

②学生根据计划,分工协作完成实验。由于有了预习阶段的准备和思考,学生带着问题进行实验和操作验证,能在更短的时间内完成实验内容。

③结果展示和交流讨论。该部分是课内环节的核心,由于是任务驱动性的实验,不同小组自行制定的实验方案会有所差别,包括硬件模块搭建、编码和功能实现方法都值得互相学习。在课内环节快结束的时候安排成果展示,学生将成果展示通过手机录制成视频作为留念,优秀的成果视频亦可以作为今后学生课前预习的视频资源。

④实验结果测评和反馈。经过实验操作、展示和交流讨论后,教师按组进行测评、打分,提出改进意见。教师整理和总结测评阶段的材料,下一步继续改进教学方法,同时将测评情况反馈给各小组。学生讨论和测评有助于培养其分析讨论问题的能力,改进学习方法,最终提高其实践应用能力。

4 对翻转课堂的几点思考

当前,"翻转课堂"的教学模式风靡全球,国内众多学校也如火如荼地开始推行翻转课堂教学,取得了一定的成效。然而,国内当下也有很多翻转课堂形似而神不似,盲目模仿国外的教学模式而出现水土不服的现象[6]。笔者查阅国内相关文献,结合初步的教学实践,对翻转课堂教学有了以下几点思考。

(1)课程的适用性问题。国外开展翻转课堂的多为理工类课程。理工科知识点明确,很多课程内容往往只需要讲授一个公式、一个概念或实现一个具体问题,这样的学科特点适用于翻转课堂的教学模式。如前文分析,在理工科的课程中实践操作性强的课程比纯理论课程更适合于翻转课堂的实施。而在文科类课程中,如文学、历史、政治等课程,授课过程往往需要教师和学生进行充分沟通、交流才能起到良好的教学效果[4],因而不适合"翻转课堂"模式。

(2)教学模式和方法的改革不能以增加师生负担为前提。任何一种教学方法的改革如果是建立在更多的精力投入的前提下,多半是难以实施的。纵观国内一些翻转课堂的研究,一味强调教师和学生在课外多投入时间用于课前环节,而忽视了是否会给师生带来更多的负担而导致教师疲于应付、学生厌学的情况。笔者认为在翻转课堂时应该寻找更精简、更高效的教学模式。比如笔者在实践中采用了让出一部分课内实验课时供学生在课前预习、自主开放实验,一方面学生可以更自由地支配时间,另一方面也没有刻意增加学生课前投入的时间。教师准备课前预习资料的时候可以充分利用现有教学资源,如精品课程、微课建设等教学资源,并且充分发挥教学团队的作用,团队教师分工合作、共享教学资源。

（3）翻转课堂需要结合本土化的特点,切忌照搬他人的模式。不同学校、不同学科、不同课程的培养目标不一样,教学资源、软硬件条件、政策环境也存在差别,所以在进行翻转课堂教学时要因课、因地、因时、因授课对象制宜,不要追求大而全,造成模式看似"高大上",实则流于形式,需要结合自身特点构建最切合实际的教学模式。

翻转课堂教学模式推行以来,虽然在国内外得到了广泛的认可,并被认为是"影响课堂教学的重大技术变革"[4],但是真正推行翻转课堂教学模式还有很多问题需要解决。翻转课堂教学是一项系统的工程,需要打破对传统教育的认识,在不断的教学实践中继续完善,才能让翻转课堂真正为我所用。

参考文献

[1] 教育部.教育信息化十年发展规划(2011—2020年)[DB/OL].http://www.moe.edu.cn/ewebeditor/uploadfile/2012/03/29/20120329140800968.doc

[2] 徐姐,钟绍春,马相春.基于翻转课堂的化学实验教学模式及支撑系统研究.远程教育杂志,2013(5):107-112.

[3] 刘健智,王丹.国内外关于翻转课堂的研究与实践评述.当代教育理论与实践,2014,6(2):68-71.

[4] 张金磊,王颖,张宝辉.翻转课堂教学模式研究.远程教育杂志,2012,30(4):46-51.

[5] 许敖敖.处理好理论教学与实验教学关系,提高学生素质,培养学生创新能力.实验技术与管理,2001,18(6).

[6] 刘冬,王张妮.对国内翻转课堂热的理性思考.教育探索,2015,(4):141-143.

"混合式翻转课堂"在多媒体应用技术课程教学改革中的实践

陈荣品

浙江海洋学院数理与信息学院，浙江舟山，316000

摘　要： 本文针对多媒体应用技术课程的特点，结合翻转课堂与混合式教学的特性，提出了多媒体应用技术课程教学改革思路：优化理论教学和实践教学内容；改革课程教学模式，将混合式翻转课堂引入到多媒体应用技术课程的实际教学中；调整教学方法；改革考核机制；探索把课堂延伸到课外的创新实践等。

关键词： 翻转课堂；混合式教学；多媒体应用技术；教学改革

1　引　言

"多媒体应用技术"课程是为高校非计算机专业学生开设的培养学生计算机应用能力的综合课程，是计算机基础教学的实践能力培养重点课程。多媒体应用技术的教学目标不仅要求学生掌握大量的多媒体理论知识，还要求学生能熟练应用各种多媒体软件解决实际问题。课程内容涉及文本、图形、图像、音频、视频、动画等媒体及应用系统。

多媒体应用技术课程的特点是内容多、学时少，实践性和应用性强，且常面临技术更新快、软件升级周期短等情况。教师要结合新技术和新软件，讲授大量的理论知识和实用软件操作，同时学生要在有限学时内进行多媒体作品的制作，如果继续沿用传统的"以教师为中心"的教学方法，将严重影响教学效果，降低教学质量，最终导致学生失去学习兴趣、产生厌学情绪。因此，对多媒体应用技术课程进行教学改革，选择新的合适的教学模式势在必行。

本文介绍了将翻转课堂与混合式教学有机结合，形成"混合式翻转课堂"教学模式，并将之引入到多媒体应用技术课程中的教学改革实践。

2　翻转课堂与混合式教学的有机结合

翻转课堂译自"flipped classroom"或"inverted classroom"，就是把"教师白天在教室上课，学生晚上自习或做作业"的结构翻转过来，构建"学生白天在教室完成吸收与掌握的知识内化过程，晚上自主学习新知识"的教学结构，它的核心思想就是翻转传统的教学模式[1]。

翻转课堂重新调整课堂内外的时间，将学习的决定权从教师转移给学生，强调教学过程中学生作为真正的学的主体，对自己的学习负责，增加学生和教师之间的互动和个性化

陈荣品　E-mail：chenrp@zjou.edu.cn

的接触时间[2]。教师创建视频,学生在指定时间或业余时间利用教师提供的网上资料(教案、案例、录像等)完成知识的学习;课堂成为教师与学生交流互动的场地,在课堂上除了练习外,还加入了探究活动和实验室任务,教师和学生的角色发生了变化,教师成为一名学习指导者、促进者,学生作为主动参与者,通过答疑,完成项目案例,使学生变被动为主动的自主学习、交流反思、团队协作,从而熟练掌握课堂知识,使课堂教学效果得到大幅度提高[3]。翻转课堂在教学实施中可以帮助繁忙的学生和学习有困难的学生,增加了课堂互动,让教师更了解学生,实现了学生个性化学习,改变了课堂管理等[4]。

虽然翻转课堂非常适合多媒体应用技术这类内容多、课时少、实践应用性强的课程,但翻转课堂的具体实施不能单纯生搬硬套,它会受一些主客观因素影响从而降低实际教学效果:(1)自律性和主动性差的学生,尤其是习惯了被动式学习的学生,需要时间适应。如果学生课外不看视频,上课的时候也就难以进行有效的学习,而跟踪每一个学生的上课状况也是件难事。(2)师资问题。学生水平不等,想做好分层教学,师生比例就需要加大,或者班级结构需要改变,这个对学校来说有难度。开始时教师要投入大量人力物力去学习和准备教材,部分过程的技术要求高,而且一下子从以教师为本转到以学生为本的教学法也需要改变一些基本心态。(3)教师教学活动设计的遗漏。设计的教学活动并不能完全承载课堂教学的全部想法,不容易做到覆盖教材的方方面面,肯定还是有遗漏,需要用比较传统的方法解决。(4)网络环境及课堂设备等其他问题[5]。

如何将这样一种先进的教学模式引入到课堂,需要结合学生的特点以及办学过程中实际的条件,深入融合到我们的课堂。将翻转课堂引入传统课堂,采用混合式教学形成混合式翻转课堂,将有助于探索多媒体应用技术课程教学模式创新,真正提高教学质量。

混合式教学把传统面对面教学和网络 E-learning 两者优势结合,借助互动性较强的网络学习平台,构建大量在线学习视频,供学生自主学习;同时通过面对面的课堂互动讨论,为学生答疑解惑,培养学生的综合能力[6]。混合式教学是线上教学系统优势与实体课堂教学系统优势的结合,包括了不同学习理论、学习者、教师、学习环境、教学方式等多重的结合[7]。混合式教学模式实现了三大转变:学生从被动学习变成主动学习;教师的授课模式从传授式改为探究式;学生个别学习变为小组学习[8]。

通过翻转课堂促进优质课程资源建设和教学模式创新,将翻转课堂资源引入传统课堂,以在线教育为基本形式,采用混合式教学,以翻转式教学改革为切入点,借助学校网络教学平台,突出教师授课与学生探究的结合,将有助于探索多媒体应用技术课程教学模式的创新,真正提高该课程的教学质量。

3 混合式翻转课堂在多媒体应用技术课程教学改革中的应用

针对非计算机专业学生的特点,改变传统的、计算机专业的多媒体课程中以理论为主导的课程内容体系;代之以应用为目标,掌握基础概念和基本理论,结合实际案例学会各种媒体元素的编辑和创作;强调结合学生的专业特色,从制作作品的角度提高学生实际应用的能力,注重创新能力的培养;将所学知识应用到自己的生活或专业领域,能创作出有实用价值的多媒体作品。

第一,按照混合式翻转课堂教学模式的特点,优化理论教学和实践教学内容,重构新的课程内容体系。要求课程实施操作性强,根据课程目标及应用型人才培养要求,选取学习内容、开发学习资源,以学生为中心设计学习活动,方便课堂教学和学生课后学习。

(1)站在新的高度、新的教学模式上,重新梳理多媒体应用技术知识体系,重新组织课程内容。同时和中学的多媒体相关内容接轨,优化、删减部分简单重复的内容如精简图像处理软件 Photoshop、动画制作软件 Flash 等的相关内容,同时也考虑个性化需求(部分没学过的同学可以借助网络教学平台对相关知识进行补充自主学习)。

(2)围绕开发多媒体应用系统、多媒体作品的制作等重要问题,按代表性知识点全面梳理全课程的知识结构,按知识点组织翻转课堂内容,以参与式案例教学为驱动,建成知识体系相对完整的课程。精简多媒体基本概念与硬件、多媒体数据压缩和编码等内容;把图像、声音、动画、视频等主要媒体根据翻转课堂课程特性进行模块化划分;同时准确剖析多媒体新技术动向与发展特点。

第二,建立新的翻转课堂课程团队,逐步开展基于翻转课堂的课程资源库和课程网络学习平台建设。

促进教师角色的改变和专业水平的提高。团队应包括主讲、翻转课堂设计制作人员和在线教学人员等,既确保课程学术性又考虑技术性,并充分做好混合式翻转课堂教学设计。通过培训及网上 MOOC 课程学习,提高翻转课堂课件设计能力,加强基于学科特点的翻转课堂流程研究,如参加并完成"爱课程网"的"翻转课堂教学法"课程的学习。

课程资源尽可能细化,一个概念一个资源,一个案例一个资源,便于灵活组合,及时更新;将课程资源分门别类地整合在不同的资源库中,如概念库、方法库、原理库、案例库等,根据课程教学需要或学生课后学习需要,灵活设置其他教学资源库。

资源分成自主学习和课堂讲解两部分。其中自主学习部分主要是简单易懂的知识点以及简单的操作部分,学生基本上能在课外自主完成。而课堂讲解部分则包含一些较难懂的知识点,以及针对学生操作中会出现的常见的一些问题的归纳总结,在基础操作上进行一些知识点的拓展与延伸等。

借助于学校统一的网络学习平台,我们完成了多媒体应用技术课程网络学习平台的建设,如图 1 所示。

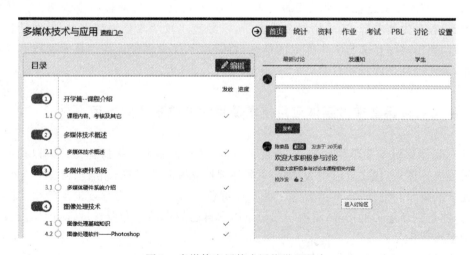

图 1 多媒体应用技术网络学习平台

网络学习平台提供电子教案、典型的案例视频录像、常见问题解答、优秀作品以及相应的作品评析及其他翻转课堂资源等。为学生提供个性化的网上教学资源和辅助学习环境。

第三,改革课程教学模式,采用混合式翻转课堂教学模式对课堂内容进行选择性翻转。

(1)对课程内容进行重新组织划分。以图像处理知识模块为试点,实现翻转课堂和网上授课,并适时推广至所有适合翻转的知识点(如音频处理、视频处理、动画处理等内容)。而有些偏理论较难的内容还是采用传统课堂教学模式进行(如数据压缩等内容)。

(2)对翻转课堂内容进行科学设计。尽量制作选用标准化视频材料,有些内容可以采用国内外名校名师制作完成的视频公开课进行教学;有些内容经过多位教师团队合作制作试用,层层筛选,作为课堂视频课件。要实现数字化学习与课堂教学的有效融合,真正落实学生的个性化学习。

(3)重视翻转课堂教学活动,使课堂成为教师与学生交流互动的场地。学生汇报学习成果,老师引导、点评和答疑解惑。在课堂上除了练习外,还加入了探究活动和实验任务,增加学生小组化团队合作,增加学生参与度,同时为学生提供个性化指导。

(4)学生实现小组化团队合作管理模式,让学生协同参与整个课程的学习、管理、考核和大作品开发制作等,充分激发学生自主学习的热情。从第一堂课开始,就让学生自主选择4至5人组成一个小组,每个小组负责本小组课堂点名、对别的小组作业评分、参与大作品答辩、推选本小组作品参加竞赛等。

第四,调整教学方法,实现教学方法的多种转变。

推进教学方法的革新,从以教为主向以学为主转变,从以课堂教学为主向课内外结合个性化为内容转变;从以终结性评价为主向形成性多元评价为主转变,最终形成可面向校内外开放的课改示范课程。实现学生小组化自治式管理,积极引导学生参与课程的学习、评价考核等过程。作业、实验和大作品等成绩由学生相互自主评价,促进学生获取更为准确的课程反馈。自主式课外辅助学习能力的培养,根据学生的偏好,自动推送学习资源,提供个性化的学习的指导等。培育学生网络课程的学习习惯,并将他们培育、提升为新一代网络课程的创造性学习者、高效学习者。

第五,改革考核方式及成绩评定方法。

多媒体应用技术课程不仅要考核学生掌握的多媒体理论知识,还要考核学生熟练应用各种多媒体软件的能力。多媒体课程考核改变了以试卷评价为主的单一形式,将综合能力作为成绩评定的重要内容,建立多元化评价学生的制度。

实施面向过程、学生参与和大作业答辩相结合的方式,具体为:(1)每周练习及讨论(占10%):每周练习由小组互评给分;讨论是指要求学生积极回答多媒体应用技术网络学习平台"讨论区"中教师发布的讨论题,回答讨论被赞1次计1分,最高计5分。(2)作业完成与互评(占20%):上机作业采用学生间互评的模式进行评定,学生除需按时提交作业外,还要评价其他5位学生的作业,以促进学生获取更为准确的课程反馈,同时也在互评过程中获取学习经验。(3)期末机考(占30%):全面考核多媒体基础理论知识、图像处理、音频处理与合成、动画制作、视频合成、多媒体应用系统开发以及综合应用及创意设计等内容。(4)大作品现场答辩(占40%)。大作品采取答辩讲解的形式予以考核。申请优秀的同学必须参加答辩讲解,未申请优秀的同学则随机抽查。对有特色的创新作品或创新设计则予以额外加分鼓励。督促学生平时重视实践能力的培养,真正做到学以致用,避免以往考试中出现的高分低能现象。

第六,探索把课堂延伸到课外的创新实践。

在课程教学过程中,鼓励和指导学生利用多媒体技术与实际应用相结合,通过培训提升并积极参加本省大学生多媒体作品设计竞赛、全国计算机应用能力设计竞赛、中国大学生计算机设计大赛等。(1)优化培训内容,通过网络学习平台向全校学生发布多媒体创新实践培训课程。培训内容涵盖平面设计、照片图像处理、动画设计、视频制作等。(2)公开并帮助学生利用好丰富的教学资源。在网络学习平台上提供视频、课件、成功案例、获奖者风采、测验、在线学习互评等积累多年的创新实践教学资源。(3)跟踪分析学生培训记录,提供针对性指导。通过网络学习平台,真实记录学生的各种数据和体验信息,跟踪其在竞赛和创新实践中的能力提升。

4   结束语

翻转课堂教学模式的推广应用势必对高等教育的未来产生深远影响。将翻转课堂引入传统课堂,采用混合式教学,将有助于探索多媒体应用技术课程教学模式创新,真正提高教学质量。翻转课堂与混合式教学改革在我校多媒体应用技术课程的应用尚处在起步阶段,目前还存在很多困难,如适合我校的网络教学平台的综合推广应用,学生翻转课堂的学习习惯的培养,翻转课堂主讲教师和开发团队的培育,创造和形成翻转课堂可持续健康发展的长效机制,以及评价观念的更新和翻转课堂学习的跟踪研究等。我们当以积极、科学的态度加以面对、解决。

参考文献

[1] Gardner J G. The Inverted Agricultural Economics Classroom:A new way to teach? A new way to learn? presentation at the Agricultural & Applied Economics Association'S 2012 AAEA Annual Meeting,Seattle. Washington,2012:12-14.

[2] 张渝江. 翻转课堂变革. 中国信息技术教育,2012(10):118-121.

[3] 金陵."翻转课堂"翻转了什么?. 中国信息技术教育,2012(9):18.

[4] 张金磊,王颖,张宝辉. 翻转课堂教学模式研究. 远程教育杂志,2012(4):46-51.

[5] 钟晓流,宋述强,焦丽珍. 信息化环境中基于翻转课堂理念的教学设计研究. 开放教育研究,2013(1):58,64.

[6] 杨晓东. 基于 Moodle 平台的计算机基础课混合式教学研究. 济南:山东师范大学,2010.

[7] 张英香. 混合式学习模式在职院计算机基础课程中的应用. 电子制作,2014(4):27-31.

[8] 熊建新,彭保发,齐恒. 信息化背景下高校"混合式教学模式"的思考. 课程教育研究,2013(5):34-39.

大班化翻转课堂以及考核实施方案的探索与研究

郭艳华

杭州电子科技大学计算机学院，浙江杭州，310037

摘　要：大班化课堂教学几乎是许多公共基础类课程的共同特征，人数多、规模大、内容多、学时少、考核评价方法单一（期末统一考试），是这类课程的关键词。作为大学新生的第一门计算机导论性课程，"大学计算机基础"几乎是每所高校都开设的面向非计算机专业的公共基础课程。为了从根本上解决或者改善本课程存在的矛盾和瓶颈问题，2014 年 9 月我们在所有新生班（大班化≥80 人）实施配合 MOOCs/SPOC 元素的全新翻转课堂的教学模式改革尝试。在这过程中，我们遇到了很多问题，同时也积累了很多经验，并发现了许多值得去进一步尝试、探索和研究的新问题。

我们在教学改革的计划中不但将 MOOCs/SPOC 的元素纳入具体实施的进程中，而且希望探索、尝试和研究适合公共基础类课程大班化翻转课堂的教学模式，以及与之配套的课程考核评价标准和方法的创新方案。

关键词：大学计算机基础；公共基础类课程；MOOCs/SPOC；翻转课堂；大班化教学；考核方案

1　引　言

大班化课堂教学几乎是许多公共基础类课程的共同特征，人数多、规模大、内容多、学时少、考核评价方法单一，是这类课程的关键词。作为大学新生的第一门计算机导论性课程，"大学计算机基础"几乎是每所高校都开设的面向非计算机专业的公共基础课程。发达城市和偏僻乡镇地区的计算机知识普及程度存在较大差距，使得进入大学的学生在计算机基础知识和操作技能的掌握程度上也相差悬殊，这给大学阶段的计算机基础课程教学提出了新的问题，带来了新的挑战。也就是说，教师课堂独角戏、满堂灌，考核一刀切、一分定乾坤的传统教学模式，显然已经无法满足不同学生的个性化需求，无法适应新时代以学生为中心的教学理念。如图 1 所示。

郭艳华　E-mail：Gyh_bh@sina.com

项目资助：浙江大学城市学院精品课程（JP1202），核心课程群（HX1102）。

图 1 2014 年 9 月之前的大学计算机基础课程状况

近几年基于 MOOCs/SPOC 的全新的翻转课堂教学模式风头正劲,各个院校为进一步推进教学信息化环境下教学方法和教学模式的改革,鼓励教师充分利用网络在线教学优势,强化课堂互动,探索"翻转课堂"教学模式的改革。

为了从根本上解决或者改善本课程存在的问题,2014 年 9 月,我们开始尝试在课程中加入 MOOCs/SPOC 元素,如图 2 所示,我们的目标既不是对课程的完全替代,也不是对课堂进行完全翻转,而希望是对课堂进行一种时间与空间的延伸和补充,是对课堂教学的颠覆性创新转变,以及对教学资源的规范整合和信息共享……从而有效改善课堂学时的分配比例,通过要求学生进行课前的自主线上 MOOCs 知识点学习和闯关跟踪测试,而把更多的课堂时间比例分配给师生互动和主题探讨,以及现场习作点评和答疑。课程考核通过多种形式综合测评,考试不再是课程开设的唯一目的,我们希望通过这样的方式为学生提供以学生为中心的更加自主的、方便的学习平台,而更多的课堂时间用于答疑解惑,探讨更深入的或拓展性的论题,以及现场点评和讲解更多实用操作技巧和应用指导。而课程考核更加注重学生平时的点滴积累和学习过程的记录与评定,线上线下记录学生的学习过程,全方位体现学生的真实水平。

通过加入 MOOCs/SPOC 元素的教学模式改革,能够很好地缓解课程内容多与授课学时短的突出矛盾;能够有效地调整和改善有限的课堂课时的内容分配比例;能够颠覆传统课堂教师主角、学生配角的定位关系,转变成以学生为中心的课堂形式,将课堂授课方式从单向灌输式转变为双向互动式,能够有效地将线上 MOOCs 自助学习与线下课堂互动有机地结合起来,真正实现延伸课堂的时间与空间的目的;引导学生主动参与、独立思考,着力培养学生的自主学习、钻研问题、探究创新的兴趣和能力。让学生养成主动学习、自主学习、根据自己的程度有选择地学习的习惯,学会利用平时的碎片时间主动学习。将传统的单一形式的一分定乾坤,转变为形式多样、记录学习过程、真实地体现学生能力和水平的公平评价机制。对教学资源的优化整合,使得知识点和操作技巧的教授更统一规范。同时在MOOCs 的设计中加入了趣味性、监督性、导引性、评测性和互动性、激励性等诸多元素,为学生提供利用平时的碎片时间自助学习的友好平台,并教会学生学习的方法,为学生提供更加广阔而个性化的思考和探索的空间和平台。

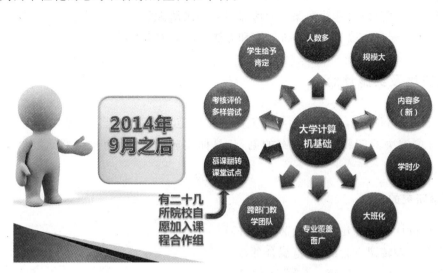

图 2　2014 年 9 月之后的大学计算机基础课程状况

2　发现新问题

但是,配合 MOOCs/SPOC 翻转课堂的教学,通常都是针对中小班展开和实施的,而大学计算机基础课程是面向全校的非计算机专业的所有学生,每年 4000 名左右的学生,涉及专业几十个,这对授课教师资源的需求是巨大的。就目前的师生比例而言,这门课程的小班化教学的可行性似乎是水中花、镜中月,无法真正落地实施。

2014 年 9 月,我们在所有新生班(大班化≥80 人)实施配合 MOOC 元素的全新翻转课堂的教学模式改革尝试。在这过程中,我们遇到了很多问题,同时也积累了很多经验,并发现了许多值得去进一步尝试、探索和研究的新问题……如图 3 所示。

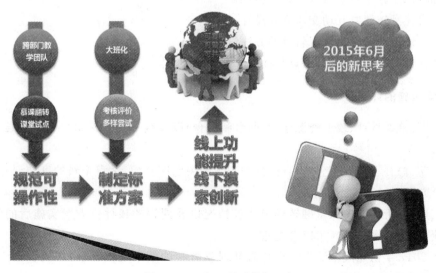

图 3　2015 年 6 月后的新思考

我们在教学改革的计划中不但将 MOOCs 的元素纳入具体实施的进程中,而且希望探索、尝试和研究适合公共基础类课程的跨部门教学团队大班化翻转课堂的规范可操作教学模式,以及与之配套的课程考核评价标准和方法的创新方案。

3 实施方案及实施计划

针对发现的新问题,我们探索与研究的具体实施方案和实施计划主要包括:探索研究的内容、力求解决的问题、实施方案的制定、具体实施的计划、初步预期的效果和可行性分析。

3.1 探索研究的内容

- 慕课设计与资源建设(基础前提条件);
- 大班化翻转课堂尝试(规范混合翻转);
- 课程考核标准的制定(记录学习轨迹);
- 考核评价方法的试点(提炼优化方案)。

3.2 力求解决的问题

- 跨部门教学团队课堂翻转规范化问题;
- 提炼完善可行易操作的课程考核方案;
- 大班化翻转课堂互动的绩点优化设计;
- 线下课堂如何有效跟踪监督线上学习;
- 线上考核评价如何突破 50% 的临界比。

3.3 实施方案的制定

- 翻转课堂教学环节设计与试点验证;
- 大班化翻转课堂互动交流方式设计;
- 线上线下记录学生学习轨迹的方法设计;
- 考核评价方案的制定、试点与优化。

3.4 具体实施的计划

- 一期:慕课设计、线上资源建设(前台和后台)以及线下翻转课堂初步运作尝试(2015年之前);
- 二期:修补、完善线上知识点视频和测试闯关题库资源,试点全新的翻转课堂环节和考核评价方案(2016 年之前);
- 三期:分析二期的课堂翻转环节实施情况以及课程考核评价方案实施后的优劣,确定可行性并优选最终方案(2017 年之前);
- 在 2017 年初完成本课程大班化翻转课堂教学的效果反馈报告,并同步推广使用本课程线上资源到其他院校。

3.5 初步预期的效果

- 规范统一的课堂翻转环节落地实施；
- 易操作的课程考核评价方案落地实施；
- 多种形式的线上线下考评替代期末考试，考试不再是一份卷子定乾坤，也不是课程开设的唯一目的；
- 课程考核形式包括：线上视频学习和闯关测试积分、课堂互动绩点积累、课堂测验、课堂习作成绩、作业点评和抽查成绩；
- 鼓励学生利用平时碎片时间学习，随时可以获得学习积分的肯定和激励，培养学生自主学习、根据自身的情况有选择地学习；
- 培养学生包容、谦让、监督的团队合作的精神，课堂分组讨论和回答问题，增加团队凝聚力和相互的带动提携影响力；
- 配合监督机制，记录并跟踪学生平时的学习轨迹，课程的考核就是整个学期的学习过程的记录和轨迹的评定。

3.6 可行性分析

- 线上慕课资源的建设已经初具规模；
- 大班化混合式翻转课堂已经在尝试中；
- 优选责任心强教学效果好的教师做试点；
- 三十所院校在线注册师生的大数据支撑；
- 学生意见反馈和教师研讨有专设的平台。

4 项目实施进度

4.1 慕课设计

时下，基于慕课的翻转课堂建设和改革方兴未艾，各种形式各种风格的线上资源建设层出不穷，都想多少和慕课翻转课堂沾上点边。但依照我们的具体实践和实际试点尝试之后的理解，并非录制几个视频就是慕课了，让学生课前看看视频就算翻转课堂了。我们认为慕课设计是一套完整的系统工程，需要针对课程的知识体系结构、课堂学时分配、课堂学生人数、课堂翻转程度、课堂互动方式、课程考核评价标准和方法，以及线上与线下的知识点、测试、闯关考试的相互呼应、彼此互补，对学生的监督、学生的反馈意见等，都必须进行缜密地思考、精心地设计和完整地梳理，因为这对实施翻转课堂教学的课程改革能否顺利进行并达到预期的效果至关重要。

线上慕课资源的建设也仅仅是进行翻转课堂教学改革的一小部分，更多的是线下课堂教学方式方法以及课程考核评价标准和方法的颠覆性改变和不断摸索创新。线上资源建设也不是一劳永逸的事情，需要根据课堂教学的效果和学生的意见反馈做及时调整和课程知识点内容的更新。

虽然，目前我们已经完成了线上资源建设的 95% 以上，如图 4 所示，并进行了一轮线下翻转课堂的教学尝试,但这些工作依然处于摸索尝试的初级阶段,线上视频的制作水准和播放品质都有待提高,线下课堂教学也需要磨合和积累经验,并需要教师的责任心和团队的默契配合,需要对尝试过程中发现的新问题做进一步的探索和研究,除了需要资金的投入之外,制作和教学团队投入的时间和精力也大大超出普通授课的工作量。

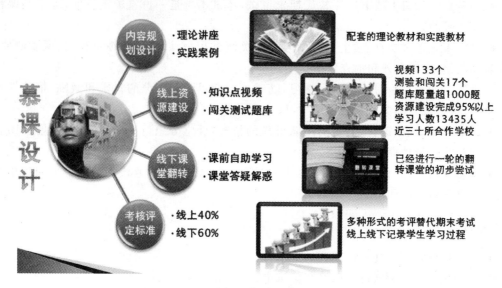

图 4 慕课设计

(1)内容规划设计。课程内容包括理论知识和操作实践两部分。课程的总体思想为:以计算思维为导向,精讲多练,互动式讲座教学,激发自主学习和探知渴望;概论部分采用互动式、探讨式主题讲座形式,力求生动有趣,激发学生的学习兴趣和探知精神;实践部分采用课堂习作与点评方式,教师演示案例解析过程,并要求学生以分组形式,协作互助,制定任务驱动模式。

(2)线上资源建设。与教材教辅相配套,将每个知识点或者操作案例设计制作成慕课视频,并制作与之配套的每个单元的测验或闯关测试,这是线上前台的部分(www.wanke001.com)。

为了更好地监督和评价学生的学习情况和记录学生的学习轨迹,以及发布课程学习公告、安排课程上线期限、布置和批阅学生线上作业、及时回答学生提出的问题等,线上教学后台的功能模块设计与建设也同样重要。

另外挑选优秀的授课教师,共同开发和设计慕课视频和测试资源,共同建设资源和享用资源,营造跨学校跨地域的公共开放线上平台的良好学习氛围。全部知识点视频共计133 个,测验练习和闯关考试共计17 个,其中闯关考试(系统随机抽题,每次不同的题目)后台题库的题量已经超过 1000 题。目前线上视频和测试考试资源的建设工作已经完成 95%以上,注册学习人数已经达到 13435 人。计划使用本课程线上资源授课的学校近三十所(包括省外),如图 5 所示。

图 5　慕课线上资源

（3）线下课堂翻转。课程总学时数为 32 学时，即理论知识部分 12 学时＋应用操作部分 20 学时。

理论知识部分分六个主题讲座，每次 2 学时，在教室授课；课前布置学生自主观看慕课视频并完成闯关测试；课堂以提问的方式抽查学生自学情况（后台查看闯关情况）；针对知识点主题展开讨论和交流。课堂环节和所占学时比例如图 6 和图 7 所示。

- **知识点概述**
  - ◆老师首先对本课涉及的主要内容做简单概括，一刻钟的时间，不做展开讲解，因为课前已经布置了自助学习
- **你问大家答**
  - ◆针对同学们的自助学习提出的问题做课堂讨论和互动
- **我问你答**
  - ◆挑选MOOC线上闯关测试错误率高的问题，提问和讲解的过程中，可以把相关的知识点带过
- **探讨与交流**
  - ◆老师事先准备一些相对深入和延展性的问题，在课时空余的情况
- **课后和附加思考题**
  - ◆主要是一些主观题，需要线上提交作业
  - ◆提供给同学们选作
- **线上学习通报**
  - ◆课前在玩课网教师后台查看学生的学习情况，发现学生集中的问题所在，并提醒拖沓者的学生

图 6　理论部分课堂环节

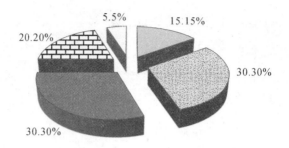

■知识点概述 ■你问大家答 ■我问你答 ▤课堂主题讨论 □线上学习通报

图 7　理论部分课堂环节课时分配比例

　　实践应用技能部分分 10 个解析案例，每次 2 学时，在机房授课和操作；其中包括课堂习作和必须完成的分组大作业；课前布置学生自主观看慕课视频并完成线上案例模仿操作；机房以课堂习作和现场点评的方式抽查学生自学情况。课堂环节和所占学时比例如图 8 和图 9 所示。

● **知识点概述**
　◆ 老师首先对本课涉及的主要内容做简单概括，一刻钟的时间，不做展开讲解，因为课前已经布置了自助学习

● **你问大家答**
　◆ 针对同学们的自助学习提出的问题做课堂讨论和互动

● **我问你答**
　◆ 挑选MOOC线上闯关测试错误率高的问题，提问和讲解的过程中，可以把相关的知识点带过

● **课堂习作与点评**
　◆ 老师事先准备一些包含重点或难点的操作案例，作为课堂习作，现场做现点评
　◆ 如果是规模比较大的案例会下次课点评和讲解

● **课后作业抽查和点评**
　◆ 布置课后作业，但以抽查的方式点评

● **线上学习通报**
　◆ 课前在玩课网教师后台查看学生的学习情况，发现学生集中的问题所在，并提醒拖沓者的学生

图 8　实践部分课堂环节

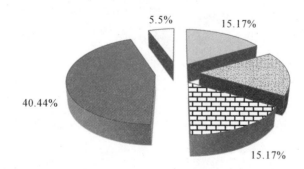

■知识点概述 ■你问大家答 ▤我问你答 ■课堂习作与点评 □线上学习通报

图 9　实践部分课堂环节课时分配比例

(4)考核评定标准。我们认为大学的公共基础类课程,特别是大学计算机基础课程,本身就是知识普及传播和导引性的课程。由于课程内容涉及的知识面广泛,一份试卷很难综合考核评定学生对知识点的掌握情况,所以不应该仅仅以考试为手段来考核学生学习情况,而应该注重学生在整个课程中所领略的知识面以及对课程内容的兴趣培养。

因此我们取消线下的统一期末考试,课程考核通过多种形式综合测评,线上线下记录学生的学习过程,全方位体现学生的真实水平。让学生感受和体验到过程学习点滴积累的乐趣,利用平时碎片时间学习,随时可以获得学习积分的肯定和激励,使学生养成了为掌握知识、开阔视野、积淀专业常识而学习的自主学习习惯,而不仅仅执念于应试的那份试卷的分数。考试不再是一份卷子定乾坤,也不是课程开设的唯一目的,希望通过这样的方式为学生提供更加自主的、方便的学习平台,而课堂更多的时间负责答疑解惑,探讨更深入的或拓展性的论题。

课程考核评定标准主要包括线上 40％和线下 60％,具体分配比例如图 10 所示。

课程总成绩＝MOOC 线上 40％＋理论课堂和课后 30％＋实践上机 30％

- MOOC 视频线上观看(包括提问或发言),20％;
- MOOC 线上练习或测验,20％;
- 理论部分的课堂讨论交流提问(包括考勤),20％;
- 理论部分的每个主题讲座的课后思考题,10％;
- 实践操作部分的每次上机的课堂习作或现场提问(包括考勤),20％;
- 实践操作课后分组大作业(任务驱动),10％。

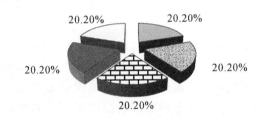

20.20%　　20.20%

20.20%　　20.20%

20.20%

■线上视频学习　▤线上闯关测试　▥课堂互动提问　▦课堂习作点评　□课后思考作业

图 10　课程考核评定分配比例

4.2　大班化翻转课堂教学的考核评价方法

本课程分为两部分,理论知识部分和操作技能部分。概论部分采用互动式主题讲座形式,力求生动有趣,激发学生的学习兴趣和探知精神。讲座内容及时补充最新计算机科技资讯,信息量超过教材。实践部分包括课堂现场习作点评,教师演示案例解析过程,制定任务驱动模式,学生以分组形式协作互助,按教师要求的目标完成指定任务。

基于 MOOCs 的"翻转式"课堂,将课堂从课内延伸到了课外,摒弃了以往的以章节顺序讲解的刻板授课方式,结合 MOOCs 主题视频,采用主题讲座的方式,围绕课程任务和目标内容,结合最新科技和资讯,交互式课堂形式,课程有更多的时间供师生互动和讨论,教师提出主题并侧重引导性的启发和激励,带领学生共同探讨讲座的主题并布置课后思考题。

而实践课程,可将需要老师示范解析的案例以及主要操作技巧,以 MOOCs 视频的方式展示操作技术点,并指定实验内容的效果和目标。这样就可以有更多的时间用于课堂习作和互动环节。课堂现场讨论并提交即时习作,可以更好地促进学生快速掌握操作要领,并使其高效地完成布置的课后分组大作业。最终考核也采取多样化灵活的打分方式。

课堂教学不再采用填鸭式、跑马灯式的授课方式,而是根据课前布置的主题思考题和学生课前自助学习提出的问题,展开课堂现场讨论和交流,进行提问并现场打分。

具体实施方案:第一次课让学生自由组合分组,5 人左右一个小组(整个学期固定下来),并将组员名单报备老师,以后课堂讨论、交流和提问均以小组为单位,但教师可以随机抽查小组任一成员,而打分成绩则属于整个小组,目的在于促进和激励互帮互带互助、共同进步的团队合作精神,考核不是唯一的目的。

教师在"玩课网"线上课程公告中布置下一节课的学习任务或者课堂上布置,要求学生观看相应的 MOOC 视频,完成线上练习测验和闯关测试,并且每组必须提出 2 个以上的问题作为课前学习的线上作业提交。上述学习任务必须在下一节课之前完成,否则无法得到学习计分。

教师课前根据学生的线上学习情况和提交的问题(教师平台可以查看),组织课堂各个环节的具体内容。课堂除了答疑解惑、讨论交流之外,非常重要的一环就是监督、跟踪、核实学生的线上自主学习情况,通过"我问你答"、"你问大家答"、"探讨与交流"或者是"习作与点评"来评价学生的学习成绩。实践环节的课堂习作是教师将操作素材都准备好并现场发给学生,学生按老师要求的主题和形式现场完成,从而避免学生耗时进行网上搜索资料,并且杜绝网上抄袭。课堂上,小组成员可以坐在一起,方便交流和讨论,鼓励学生积极参与问答环节,小组成员可以补充和提醒其他被提问的成员,营造团队合作、相互提携、相互包容、相互促进的良好学习氛围。

但是大班化(≥80 人)翻转课堂的每节课,通常无法保证每个人甚至每个组的全覆盖互动问答,那么也就无法全覆盖地评定打分。针对这种情况我们采取绩点式的提问记分方式,也就是将一个学期的课堂互动提问设置成多个不同章节知识点的绩点,规定小组必须在指定章节的知识点期限内,完成规定的绩点数的问题回答或者抢答得分,否则将失去得到满分的机会。

例如对于理论部分的课堂互动主要是知识点相关问题的提问和抢答,那么无论是课堂环节的"我问你答"还是"你问大家答"或者是"探讨与交流",都可以获得绩点,如果规定的绩点已经满额,也可以参与问答环节,并可以用高分替代低分。总之,鼓励学生积极参与课堂互动,这对学得好的同学是一种荣誉,并由此带动整个小组的进取精神,对学的差的学生是一种督促和差距参照,也会激发整个团队的斗志。

5　探索与研究的意义

本项目以"大学计算机基础"作为改革研究的课程对象,针对公共基础类大班化教学的现状、特征与问题,配合慕课混合式翻转课堂的教学模式,对前期尝试性的教学做进一步的提升,探索创新课程考核评价标准与方法,并形成可复制可模仿可共享的规范方案。因而,此类项目的研究极具推广和普及意义。

目前全省甚至全国有多所高校表示了加入我们的 MOOCs 建设和翻转课堂教学改革行

列的意愿（目前已有三十多所院校自愿组成了课程合作组）。多所院校的合作宗旨是携手合作，共同建设，资源共享，共同切磋，共同进步。

目前，我们的课程 MOOCs 线上资源的建设已经完成了 95％以上，视频总时间超过 1000 分钟，后台闯关测试题库量超过 1000 题，注册学习的人数已经超过了一万三千多人。

线上 MOOCs 资源的建设仅仅是实施翻转课堂的教学模式改革的一小部分，更多的工作是线下的课堂教学方式方法的颠覆性改变的准备、适应、摸索和尝试，我们希望摸索出一条适合大班化翻转课堂的教学模式，以及与之配套的课程考核评价标准和方法的创新方案，并分享给兄弟院校，有效提升浙江省高校大学计算机基础课程教学的品质和资源共享率。

我们对公共基础类课程大班化翻转课堂教学以及课程考核评价标准和方法的尝试、摸索、研究与创新，一方面可以积极倡导、引领和推进"大学计算机基础"MOOC 建设和优质教学资源共享，并利用翻转课堂促进课程教学模式的创新，坚持走以质量提升为核心的内涵式发展道路，深化教育教学改革，更新课堂教学理念，创新课堂教学方法，提升教师课堂教学能力，提高学生自主学习、实践能力和创新能力，培养学生注重学习过程中知识点滴积累的良好学习习惯，而不仅仅是执念于期末的那张考试试卷。另一方面，让全新的教学模式立足浙江高校，并走出浙江，有效地提升浙江计算机基础教学的影响力，并为推进浙江省高校人才培养模式改革、提升浙江省高等教育教学水平和质量提供坚实的基础。

基于 MOOCs 的翻转课堂教学模式
在 Web 开发课程中的实践探索

林　菲　徐海涛　龚晓君

杭州电子科技大学计算机学院，浙江杭州，310018

摘　要：Web 开发类课程是综合性非常强的课程，其目标是为业界培养 Web 开发人才。因此，颠覆传统教学理念，借助于 MOOCs 平台的"翻转课堂"教学模式，将提升该类课程的培养质量。整个课堂教学活动分为课前、课中、课后三个阶段，课前学生自主在 MOOCs 平台上观看教学视频，并完成相应的在线练习，课堂中主要开展讨论和完成实际操作任务，课后巩固和总结交流。在教学设计中将教师活动和学生活动两部分有机结合起来，形成一个闭环并不断迭代优化的教学过程，从而实现从"以教师为中心"传授知识向"以学生为中心"自主学习的转变。课程实施效果表明这种教学模式深受学生的欢迎，不会增加学生的学习负担，学习时间更具有弹性，预习更充分，课堂学习效率更高，学生自主学习和解决问题的能力得到极大的提高。

关键词：MOOCs；翻转课堂；Web 开发；微视频；过程评价

1　引　言

Web 开发课程不只是简单的程序设计课程，而是涵盖面向对象程序设计、计算机网络、软件工程、数据库设计应用、网页设计、CSS、XML 数据交换技术和软件过程与体系结构等广泛知识综合性课程。随着 Internet 技术迅速发展，Web 开发人才的需求也不断扩大，掌握 Web 开发技术具有广阔的就业前景。

随着大型网络开放式课程 MOOCs(massive open online courses)的兴起[1]，它提供了线上与线下共同学习的课程组织方式，"微视频＋交互式练习"为基本教学单元的学习模式。翻转课堂(flipped classroom)[2]和传统课堂具有实质性的区别，传统课堂中教师在课堂上授课，学生在课外复习、做作业；翻转课堂正好相反，翻转课堂要求学生在课前自主在线学习教学视频或其他教学资源，课堂上由授课教师进行辅导，对课前学习内容进行复习、讨论、练习和测验。

因此，为提高 Web 开发课程的教学质量并在有限的课时内达到本课题的课程改革目

林　菲　　E-mail：linfei@hdu.edu.cn

徐海涛　　E-mail：xuhaitao@hdu.edu.cn

龚晓君　　E-mail：gongxj@hdu.edu.cn

项目资助：本文为浙江省 2013 年高等教育课堂教学改革项目（编号：KG2013138）、2014 年"翻转课堂"课程"Web 应用程序设计（.NET）"项目、校高教课题的编号是 YB201528 的研究成果。

标,本课程将课程教学内容按照"微视频＋交互式练习"方式全部整合到 MOOCs 教学平台上[3],并基于线上与线下共同学习的课程组织方式,探索一种符合 Web 开发课程的"翻转课堂"教学模式,并制定了科学合理的学生成绩评定体系,确保"翻转课堂"成功翻转,从而提高教学质量,保证教学目标。

2　MOOCs 特征的课程网站建设

在实施基于 MOOCs 的翻转课堂教学模式前,首先应该确保将课程资源架设到具有 MOOCs 特征并符合翻转需求的平台上。通过 MOOCs 平台,随时随地都可以进行线上学习及交互式练习。交互式练习包括作业和测验等。交互式练习很好地解决了传统在线教育模式中单向提供学习材料和灌输式学习的局限性。通过即时反馈的方式,能够鼓励和引导学生更加积极地学习与思考,提高学生的学习效率。

MOOCs 平台是基于大数据的"对象化学习"和"个性化教学服务"。课程中所有的微视频、教学资料(PPT、PDF、Word 文件等)每一次的线上交互式练习,都被看成一个对象,而每一个学生对"对象"的学习行为及过程都被 MOOCs 系统平台记录下来[4]。针对多样化学生学习数据,采用机器学习及数据挖掘技术进行数据分析、统计、归纳,找出学习者的学习规律,使教师有针对性地及时调整各个教学要素,在大规模学习人群中实施"因材施教"式的个性化教学服务。

课程组针对 Web 开发课程构建了具有 MOOCs 特征的课程网站,如图 1 所示。作为支撑本课程进行"翻转课堂"教学改革的基础,它的意义和作用不只是视频公开课网站上的一门课程,而是有效支撑互动课程教学、学习数据收集和分析、群体化科学实践的计算环境,使教师可以便捷地开展教学改革工作。该课程的 MOOCs 平台除支持 PC 端课程学习,还将支持移动端课程学习。学生可通过手机在线浏览视频并进行实时交流讨论,满足学生随时随地移动学习的需求。MOOCs 平台还将提供课程学习计划和要求的推送服务,及时提醒和督促学生完成课前在线学习任务。

图 1　课程网站

3　MOOCs 特征的教学视频开发

本课程的教学大纲和教学内容根据 MOOCs 理念重新组织。课程教学内容划分章、节和知识点，每个知识点对应一个 5～10 分钟的微视频，并穿插一些提问和形象生动的动画，从而提高学生的学习兴趣和积极性。以"微视频＋交互式练习"的模式，使学生可以进行碎片化学习，并及时巩固学习内容。

高质量的 MOOCs 教学资源能提升对学生的吸引力，达到较好的教学效果。Web 开发课程的 MOOCs 课程教学资料包括了教学视频、在线练习、教学案例和项目实践。

MOOCs 教学视频和普通教学视频具有较大的区别。在普通课程的教学中，适合以 45 分钟或 90 分钟的时间划分。而在 MOOCs 教学中，更适合以知识点为核心来划分，每个知识点的时间长度不宜超过 10 分钟。在设计 Web 开发课程的教学视频时，考虑到这个特点，一般以 10 分钟内完成一个知识点来划分。例如，讲解事务处理需要 18 分钟，则将事务处理分解为事务处理机制和 ADO.NET 事务处理两个相对完整的知识点进行讲解。同时，在讲解事务处理机制这样比较深奥的理论时，采用文字和粗糙的图片无法吸引学生的注意力和兴趣，因此，在课件制作上尽量采用生动的动画方式及图文并茂的形式展示各个知识点。

为节省视频录制成本，本课程教学视频的制作采用屏幕录像的方法[5]。为了保证视频录制质量，录播前需要就每个知识点的讲解过程和展示画面进行精心设计和编排，并将不同场景的操作按场次分开录制，最后使用音效和视频处理软件将不同场次录制的视频剪辑成一个完整的教学微视频。这种方式能确保声音和图像的清晰，每个画面包含的信息量尽可能最大化。另外，后期制作过程中将使用屏幕笔、特效、动画等方法尽可能地将视频做得精美、生动、有趣、重点突出，使讲解的知识点更容易被学生接受，避免枯燥无味的学习。

4　基于 MOOCs 的"翻转课堂"教学模式

MOOCs 平台使得"翻转课堂"有了网络化教学环境的支撑。高质量的教学内容设计和教学资源的开发是保证"翻转课堂"成功的基础。当这些基础条件都具备后，就要重点研究 Web 开发课程如何在 MOOCs 平台上开展"翻转课堂"教学。基于 MOOCs 的 Web 开发课程"翻转课堂"教学模式的核心理念是：颠覆传统的教学理念，将教学环节改为课前学生自行观看网络教学视频，并完成相应的在线练习，课堂中则主要进行讨论和实际动手操作，课后巩固和总结交流。从"以教师为中心"传授知识转变为"以学生为中心"自主学习，通过团队互助、因材施教辅导和实战项目训练提升教学质量。

本课程以具有 MOOCs 特征的"WEB 应用程序设计（.NET）"课程网站平台为基础，将整个课堂教学活动分为课前、课中、课后三个阶段[6]，在教学设计中将教师活动和学生活动两部分有机结合起来，形成一个闭环并不断迭代优化整个教学过程和课程 MOOCs 平台，如图 2 所示。具体实施流程如下：

（1）课前学习阶段：教师依据教学大纲要求分解知识点，制作微视频，针对视频内容提出问题，并发布在 MOOCs 平台上，同时发布课前学习任务。学生须在课前查看课程学习任务，然后观看微视频，并完成相应的在线练习，巩固所学知识。当在线学习过程中出现无法独立解决的问题时,学生可以在 MOOCs 平台上在线提问,由教师解答,也可以由其他同学在在线讨论区解答,利用群体的智慧实现答疑的及时性。在此阶段,学生可以对教师准备的微视频等资料给予评价和建议,以便教师能不断地优化 MOOCs 教学资源。同时,教师在课前可通过 MOOCs 平台掌握学生课前的自主学习情况、提问情况和答题情况,以便在课堂上更好地开展答疑和讨论。

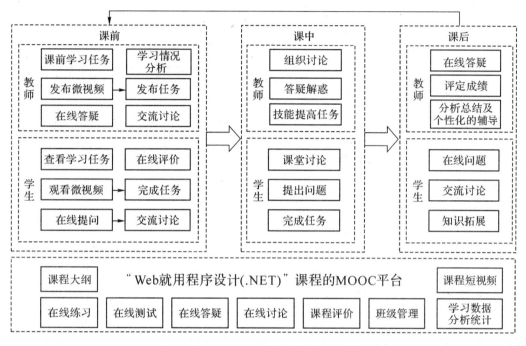

图 2　基于 MOOCs 的"翻转课堂"教学模式

(2)课堂教学阶段:因学生个体差异,课前学习无法保证学生全面地掌握相应的知识点,课堂教学提供了教师一对一、个性化的辅导。首先,针对不同学生的提问,进行一对一解答辅导。然后,以项目任务为核心下发任务,学生以小组为单位,开展各种协作学习和交流讨论,引导学生主动参与、独立思考,着力培养学生团队协作、钻研问题、探究创新的兴趣和能力。在课堂教学过程中,充分利用各种先进的教学方法和手段。例如:使用启发式教学方法,针对课前学习的知识点,启发学生思考,从而使学生举一反三;使用项目教学方法,以新闻管理系统的实战项目为中心,以项目任务形式驱动,串联 Web 开发的各技术点。

(3)课后总结阶段:在课后,教师需要借助 MOOCs 平台在线答疑,了解学生掌握本知识点的情况并评定学习成绩,总结和分析本轮教学效果。学生在课后需要继续完成项目任务,及时提交项目作品,并针对本轮学习过程中存在的问题继续在线提问、讨论、总结和评价。

整个教学过程是课前、课中、课后三个阶段的教学活动有机结合形成一个闭环并不断迭代优化的过程。完成一轮教学活动后,教师需要借助 MOOCs 平台的学习情况分析数据及课堂学生表现,总结分析此轮教学中存在的问题和不足,从而不断优化整个课程的MOOCs 平台,改善"翻转课堂"的教学效果,提高 Web 开发的人才培养质量。

5   MOOCs 的"翻转课堂"课程考核

为使基于 MOOCs 的课堂教学顺利翻转,提高本课程的教学质量,本课程将改革传统的学生评价手段和方法,采用学习过程评价与目标评价相结合的评价模式[7],关注评价的多元性。考核方案的主要内容和权重参见表 1。

表 1   课程考核方式

考核时间	考核方式	权重	评分标准	
平时	在线学习	20%	依据课前在线学习记录、在线测试、在线讨论情况等评分	
	课堂表现	10%	考勤、课堂讨论、课堂任务完成情况	
	项目实践	20%	成绩	评分标准
			优秀(90～100)	圆满完成任务,网站可正常运行
			良好(80～89)	基本完成任务,网站存在部分缺陷
			及格(60～79)	部分任务(60%以上)完成,需要帮助才可以基本完成
			不及格(60 以下)	大部分任务(40%以上)未完成,网站结构混乱
期末	项目答辩	10%	根据答辩情况、个人项目总结等评分	
	期末考试	40%	根据期末考试成绩评分	

(1)在线学习,占 20%。MOOCs 网站记录了学生一个完整的课程学习过程,成绩的评定要以课前在线学习情况、在线答题情况、参与讨论的次数、讨论区发帖的数量和质量等环节作为学习态度和学习主动性的评定依据。依靠 MOOCs 平台,通过研究相关模型,自动产生该项分值。设立该分数的目的是督促学生课前完成在线学习,这是本课程能成功翻转教学的前提。

(2)课堂表现,占 10%。包括平时出勤率、课堂纪律、课堂讨论和课堂任务完成情况,设置科学合理的评分机制,督促学生自觉积极地参与课堂讨论,完成课堂任务。

(3)项目实践,占 20%。以项目组为单位,强调学生的团队协作能力,注重学生的学习参与性、团体合作性和实践性,培养学生的表达能力、思维能力和团体协作能力。每个小组需要在教师的引导下独立完成学期项目的开发。

(4)项目答辩,占 10%。项目最终要求上交软件和项目文档,组长负责陈述项目的设计过程及项目完成情况,各项目小组成员陈述自己在开发过程中所完成的工作及收获。教师将根据不同学生的陈述提问,并由学生回答。根据学生的回答及项目实现情况,给予相应的成绩。这种方式可以考核学生是否真正参与项目开发及其真实的开发水平,进一步避免学生偷懒,培养学生的团队精神。

(5)期末考试,占 40%。像此类实践性强的课程不宜进行笔试,因此本课程采用上机考试的形式。根据课程所需掌握的各知识点,设计一份任务驱动形式的上机考试试卷,最终要求学生考试时在一个项目中完成各项任务。最终,根据完成情况,给予相应成绩。

通过这种多元化的过程考核方案,不仅能评测学生对课程内容的掌握程度,更能使基于 MOOCs 的课堂教学顺利翻转,并对学生的团队协作能力、探索性和分析应用知识的能力进行全面的评估。

6 实施效果分析

Web 开发课程实施了一轮基于 MOOCs 的"翻转课堂"教学模式改革后,就翻转课堂教学效果进行了问卷调查。调查结果表明:90%以上的同学能接受翻转课堂教学模式,表示非常喜欢这种教学模式,并能在课前主动完成视频学习任务和练习。翻转教学后,同样学习一个知识点,如果从掌握这个知识点的角度看,86%的学生认为花在学习上的时间减少了,14%的学生认为差不多,没什么影响。因此,翻转教学模式不会增加学生的学习负担,并能通过课前看视频的方式帮助学生更好地预习。95%以上的学生认为,翻转教学后,课堂气氛变得更轻松,更能提高学习兴趣和学习效率。实施翻转课堂教学后,想打瞌睡或者想干点别的与课程无关的事情的学生几乎没有,上课抬头率非常高。100%同学认为自己的自主学习能力和解决问题的能力有所提高,其中 24%的同学认为提高很大。因此,基于 MOOCs 的翻转教学对学生自主学习能力和解决问题的能力有极大的帮助。90%以上的学生希望在其他课程推广基于 MOOCs 的翻转教学,他们均认为,采用这种教学模式之后,学习时间更具有弹性,学习更有效率。100%的学生认为,采用基于 MOOCs 的翻转教学后,讨论、交流、发言、答辩等形式对学生的口才表达、自信性、幻灯片制作等有帮助,其中 43%的学生认为帮助很大。同时,调查表明,计算机类的学生认为实践性、专业性强的课程采用基于 MOOCs 的翻转教学最合适。他们认为,这些课程需要动手,步骤繁多而琐碎,传统上课方式中老师只讲一遍,不容易记住,因此希望在专业性强的课程中多开展这种教学模式。综上所述,在 Web 开发类课程中开展基于 MOOCs 的"翻转课堂"教学模式有利于学生提高课堂学习效率以及自主学习和解决问题的能力,为业界培养 Web 开发技术人才奠定了良好的基础。

参考文献

[1] 赵荣,马亮,张玉龙.MOOC 的理性思考:兴起、发展与未来.高等教育研究学报,2014,37(2):9-14.

[2] 曾明星,周清平,蔡国民.基于 MOOC 的翻转课堂教学模式研究.中国电化教育,2015,339:102-108.

[3] 程薑,李贵林,刘海涛.中国高等教育 MOOC 平台现状分析.高等教育研究学报,2014,37(2):15-19.

[4] 马新强,黄羿,蔡宗模.MOOC 教育平台技术及运营模式探析.重庆高教研究,2014.

[5] 丁青青.MOOC 视频的分类及具体表现形式分析.工业和信息化教育,2014(9):84-87.

[6] 潘理,张国云,李武.面向 MOOC 的三阶段翻转课堂教学模式探索.中国教育信息化,2015(2):16-18.

[7] 林菲,孙勇.基于 CDIO 工程教育模式的 Web 开发课程教学改革.中国教育信息化,2012(3):72-74.

基于 IPR-CDIO 理念的数据库课程教学改革研究

陆慧娟　关　伟　高波涌　何灵敏

中国计量学院，浙江杭州，310018

摘　要：作为高等院校计算机人才培养的一门重要课程，数据库课程的理论性和实践性都很强。而随着教育改革的深入以及大数据时代的到来，数据库的重要性愈加突出，很多高校也相应地对数据库课程进行了教学改革。本文探讨 IPR-CDIO 教学模式引入数据库课程教学后所采取的一系列教学改革方案，该方案主要是采用案例教学、"大班上课、小班讨论"、改变考核方式、提高教师的教学能力并重视学生团队的组建，以达到高效地组织数据库课程教学的目的。

关键词：IPR-CDIO；数据库；综合能力；教学改革；实践

1　引　言

CDIO 是近年来国际工程教育改革的最新成果，是一种创新型的高等工程教育模式，代表构思（Conceive）、设计（Design）、实施（Implement）和运作（Operate）。它以企业需求为导向，按照企业的产品开发流程（即构思、设计、实现、运行 4 个环节）实施项目教学，要求学生具备通过这 4 个环节进行产品系统开发的能力，形成初步的应用学科知识进行产品设计及系统制作的能力。

IPR 是指兴趣（Interest）、毅力（Perseverance）和责任（Responsibility），IPR-CDIO 就是将对学生的探索兴趣、解决问题的毅力和社会责任感的培养，融入项目研发的 CDIO 过程中。通过不同级别的项目设计，激发学生的学习兴趣，培养其获取知识（自主学习）、共享知识（团队合作）、运用知识（解决问题）、总结知识（技术创新）和传播知识（沟通交流）的能力与素质，同时训练其职业道德修养和社会责任意识。

中国计量学院的数据库课程统称为"数据库原理及其应用技术"（包括数据库系统原理、数据库应用技术、数据库课程设计），它不仅是计算机专业的主干课，而且是信息与计算科学、信息管理与信息系统等理工科、管理类专业的必（选）修课程。该课程于 2006 年 5 月晋升为浙江省精品课程。数据库课程对软件课程之间的衔接起着承上启下的作用，是一门理论性、系统性和实践性很强的课程，并且技术更新快。而作为培养数据库应用人才的主要基地，高等院校占据着举足轻重的位置。该课程在以前主要侧重于数据库原理部分的讲解，对于数据库的具体实践内容涉及较少，教学效果有待改进。学生往往是学完了数据库，仍然不清楚如何在具体的项目中使用数据库。为了解决这个问题，考虑学生的接受能力，

陆慧娟　E-mail：hjlu@cjlu.edu.cn

项目资助：本项目得到中国计量学院校级教改项目（HEX2014008）和（HEX2014041）的资助。

中国计量学院借鉴了近年来国际上流行的 IPR-CDIO 工程教育模式,贯彻"基于项目教育和学习"的理念,对现有的数据库课程教学的每个环节进行了改革。无论是在课堂教学还是在实验和课程设计教学中,都以案例(项目)为核心组织教学和实践内容,将"做中学"的理念渗透到数据库课程教学的各个环节,从而激发学生的学习兴趣,使整个学习过程充满挑战性和实用性。

2 数据库教学的主要知识点

数据库课程一般包括数据库原理、设计和应用三部分,其教学内容如图1所示。不同的部分在相应的教学阶段侧重点应有所不同。原理部分应着重介绍数据库的基本概念、基本理论和原理等,使学生在头脑中建立概念体系,为下一步的设计做铺垫;设计部分应结合具体的数据库系统,并辅以案例教学、实验训练等方法详细介绍数据库设计的不同阶段,使学生真正掌握数据库设计的最新理论和技术;应用部分则应根据一个具体的项目,比如酒店管理系统,指导学生自己完成整个阶段的工作,设计出一个符合项目需求的数据库产品。

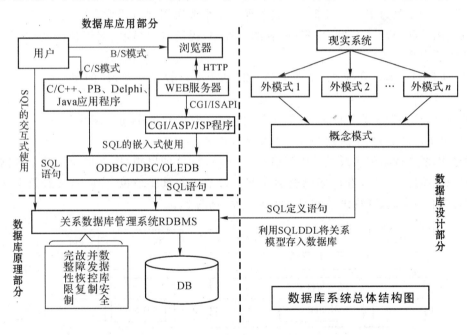

图1 数据库课程的教学内容

数据库课程教学包括课堂教学、实验和课程设计三个部分。课堂教学主要是介绍相关数据库原理和现有数据库技术,实验教学则主要是验证所学数据库技术,课程设计则是综合利用所学数据库知识自主进行数据库系统设计和开发。在课堂教学中,原理的学习对学生来说是枯燥的,也就成为学生学习的难点。数据库实验和课程设计则属于实践类的课程,这方面内容相对具体,学生通过动手实践可以很快地掌握相关知识。但这部分内容在传统设置中往往比较零散,没有形成一个完整的实践体系。学生可以掌握局部的知识,但对数据库系统的全局建立不起完整的概念,导致很难完成数据库的课程设计内容。

数据库实践在整个软件开发实践类课程教学方案中处于重要的、承上启下的地位。只有把数据库基础打好了,才能有效地进行后续的软件工程、软件测试以及其他软件开发类课程的实验和课程设计。同时可以提高最后一学年实训和毕业设计的质量。因此,数据库实践教学,从狭义角度出发,其重点应集中在数据库管理系统的使用、数据库的设计和应用;从全局的角度出发,通过实践教学应该使学生建立起数据库系统的整体概念,从而保证学生进行规范、正确、有效的数据库设计和应用。

3 基于 IPR-CDIO 的教学改革方案

基于 IPR-CDIO 的教学改革方案,其核心思想是构建以能力训练为导向的"案例化"教学模式。所谓"案例",也称为项目,是指基于专业课程、课程群、综合实践或用户需求等,具有一定的研讨、设计、实现价值的题目。

"案例化"教学模式是指以建构主义理论为指导,以相关课题的实施与实现为内容,以学生小组为学习单位,以个人能力及贡献度为评价标准,以实现训练学生能力和素养为目标的一种教学方式。针对该模式的教学思路是在数据库课程中进行专业兴趣培养→基本技能训练→专业能力培养→行业小项目引导→企事业实用项目研发,这一流程使学生在对不同课题的认识、设计、开发、实现、服务的过程中,提高自主学习、交流合作、创新实践、责任意识等能力和素质。

IPR-CDIO 工程教育模式是"做中学"和"基于项目教育和学习"的集中概括和抽象表达,以产品从研发到运行的生命周期为载体,让学生以主动的、实践的、课程之间有机联系的方式学习,培养学生的工程能力、职业道德、学习知识和运用知识解决问题能力、终生学习能力、团队协作能力、交流能力和大系统掌控能力。

数据库课堂教学和实践教学中都借鉴了 IPR-CDIO 的思想,图 2 展示了整个数据库课程教学的组织思路,可以看出案例教学在课程教学中的重要地位。其中,实践教学又包括教材作业、上机实验、课程设计和复杂系统开发(见图 3)。

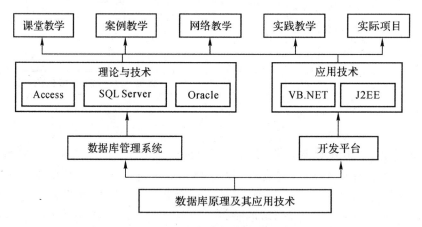

图 2　基于 IPR-CDIO 的数据库课程教学组织思路

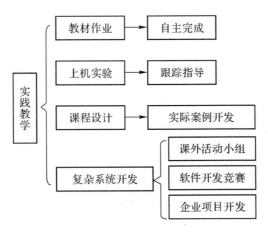

图3 实践教学的组成

课堂上对案例进行分析和学习,实验中学生实现每个案例对应的题目,教师进行跟踪指导;数据库课程设计中仿照案例对所分配项目的数据库设计和系统进行简单实现;成立课外活动小组、组织软件开发决赛和参与企业实际项目开发,实现复杂系统,进行项目的完整设计(需求、概要和详细)以及具体实现。

3.1 采用案例的课堂教学

课堂教学是整个数据库课程教学的第一个环节,我们将案例渗透到课堂教学的每个环节,以传统的学生选课数据库为基础讲解基本知识点,然后联系实际中使用的"学生教务管理系统"的设计与开发,讲解知识点在实际中的应用。这些知识点包括关系模型、SQL语言、规范化理论、数据库设计、并发操作以及事务相关内容。同时,采用分组教学模式,即在课程教学开始前将学生按照3~5人的标准进行分组,并为每个组分配不同的项目。考虑到学生目前的认知能力和知识水平,主要从功能需求、数据管理需求和信息安全需求三个方面尽可能清晰地描述每个案例,使每个小组看到案例描述就能清楚地知道自己应该完成的工作。这种做法可以有效地缩短学生在明确案例需求方面花费的时间,使他们把主要的精力放在数据库设计上,从而突出了数据库课程的重点。

课后作业的布置也采用分组形式,每组的作业知识点相同,但是具体的作业内容根据项目不同也有所不同。对普遍出错的知识点,教师在习题课上集中讲解,对个别组出现的个别错误则采用课后答疑的方式解决。

通过这种方式可以加强教师和学生的交流,帮助学生巩固知识点,使他们更加正确地把握案例,最终引导他们设计出合理的数据库,从而为后面的实验和课程设计打下良好的基础。

3.2 采用"大班授课、小班讨论"模式

采用"大班授课、小班讨论"模式。首先,教师在课堂上结合教学内容提出一些与具体理论知识联系紧密的案例,让学生以小组的形式进行自由讨论,充分发挥学生的主观能动性。其次,学生消化理解,通过小班讨论,加深对案例的理解。最后,鼓励学生通过实际的项目案例来检验课堂所学知识,并通过上机操作来加深对技术的理解和掌握。

我们在计算机专业 2 个班中进行了 1 个学期的试点，与以前没有采用案例教学的情形相比，对学生下列能力的培养起到很好的促进作用：

（1）归纳和设计能力：深刻理解基本概念和方法，学会数据库系统的分析方法，归纳各种概念，权衡各方因素，设计合理系统。

（2）实践开发，调试能力：能够动手开发成功的数据库应用系统。

（3）自学能力：数据库软件很多，发展快，绝大多数要求学生在实验或课余自学掌握，课堂重在讲解方法和个案剖析。

（4）系统集成能力：数据库与其他部分，数据库与数据库之间，异构环境和系统之间，如达到全局优化，要能把握较复杂系统的整体结构。

（5）创新能力：数据库技术发展快，新内容层出不穷，注意学习类比，观察提炼，提出新问题、新概念、新方法。

3.3 采用案例的实验教学及课程设计

课堂教学侧重于知识点的讲解，而实验和课程设计环节则是学生巩固所学知识的过程。因此，在实验和课程设计的过程中，要求学生采用分组的形式完成任务。每个组进行的实验内容和课程设计内容都和分配的项目相关，组间互不相同。其中的实验分为验证型实验和综合设计型试验。前者涉及知识点的基本知识，所以要求组内每个成员独立完成；而后者是对所学知识点的综合应用，所以组内成员要在组长的协调下共同完成。

为了避免实验和课程设计在内容上的重复，将最后一个综合设计型实验和课程设计结合起来，课程结束时完成数据库设计，在下个学期的课程设计中进行系统的具体功能实现。这样可以完成实验和课程设计的有机结合。

课程设计时要求每个组重新规范自己的数据库设计结果，组内成员根据统一的数据库设计进行各自功能模块的开发，最终形成一个完整的系统。这样可以使每个学生都能得到全面的锻炼，避免个别学生投机取巧。课程设计成绩评定主要先根据每个组完成系统的总体情况进行等级评定，然后根据组内每人所做的工作进行所在等级范围内的微调，个人成绩的评定主要是通过答辩验收的形式来确定。

4 其他一些措施和注意事项

4.1 考核方式多元化

在教学改革过程中，考核方式要多元化。首先要解决的就是学生对于数据库课程的认识观念问题。当下高校的数据库课程以理论课为主，且学分高。这很容易引导学生产生一种理论课是"主菜"而实践课是"配菜"的认知。再加上如今高校学生普遍存在的期末考试最重要的潜在思想。要解决这一问题，首先要增加实践课的课程比重，在课时分配和课程学分方面有所调整，使学生首先在心理上对实践课程有所重视。其次，就考核方式来说，应该引入 IPR-CDIO 的评价模式，把关注的重点由知识的获取转移到能力的培养上来，采用多种评价方法相结合的方式，弱化期末理论考试成绩所占的比重，更多地由指导老师根据学生在实践过程中的表现，综合学生的自我评价和同学间的互评来给出最终评定。我们的课程考核采用的方案是：期末考试占 50％左右，平时学习表现 10％左右，实践综合评价占 40％左右。

4.2　提高教师的教学能力

在教学方式方面，要改善教师的教学观念，使其认识到 IPR-CDIO 模式的优势与准则，努力提高自己在 IPR-CDIO 模式下的教学能力，以实践指导为主要的教学方式，旨在培养可以做项目的真人才。同时，教师需要调整自己的定位，把自己的自我身份认知从一个教书匠变为一个团队 leader(领导者)；把自己的工作认知从传授学生知识改为引导学生完成自己的项目。从一个完整的数据库项目的角度入手，合理地分配课时。从需求分析开始，数据建模、逻辑数据库设计、物理数据库设计、数据库实现直到数据库维护为止，整个数据库设计流程都由学生亲身体验完成。在每一个模块开始时，教师用少量课时进行相关介绍，主要的课时则用于学生自主实践和答疑。这样的方式可以有效地调动学生的学习积极性和主动性，充分利用课余时间，提高自己的动手能力和实践能力。

4.3　重视学生团队的组建

在学习方式方面，由学生自主组成项目团队，在教师的指导下根据人数的不同选择不同难度的实践项目。这个组队的环节十分重要，因为在项目进展过程中任何的人员变动都有可能带来负面影响。团队中的每个成员需要有明确的分工，并进行有效的沟通合作。不仅在数据库项目中是这样，在以后的工作尤其是创业过程中都是如此，因此需要引起学生足够的重视。学生对于数据库技术的学习不应该只是在自习室、图书馆中从书本中学习，而更应该在实验室里、在团队中通过交流获得。最后，每个人应该对自己在项目中所做的贡献有一个完整的总结，并对团队中的其他成员做出公正的评价，帮助教师在期末考核中给出客观的评价。

5　结束语

在数据库课程教学的各个环节中引入 IPR-CDIO 教学模式，能够有效地激发学生的创造思维，是提升学生解决问题能力的有效途径。同时以"案例"为载体来组织教学，使学生的学习过程充满挑战性和实用性，能够使学生在毕业后更好地适应软件开发相关的工作。课程教学效果表明可以通过培养学生具备 IPR-CDIO 所要求的多种能力，实现计算机专业学生与社会和用工单位的无缝对接。在课堂教学中，为了实现组内分配的项目，大部分学生带着问题来听课，学习的主动性增强了；分组作业、实验和课程设计也有效地避免了学生之间的抄袭，增加了学生之间交流的机会，也在无形中锻炼了他们的团队合作能力。为了保证基于 IPR-CDIO 的教学方案的顺利推进和良好的教学效果，我们精选案例，在 IPR-CDIO 模式的指导下改革了课程的考核方式，突出了综合能力在最终考核中的重要位置，实现了平时考核和期末考核、团队考核和个人考核的有机结合；同时，要提高教师的教学能力和重视学生团队的组建。

IPR-CDIO 模式的数据库教学改革，可从培育更多有团队观念，动手能力强，实践经验丰富的人才，使计算机专业的学生可以更好地为社会所用。

参考文献

[1]查建中.论"做中学"战略下的 CDIO 模式.高等工程教育研究,2008(5):35-37.

[2]王向辉,崔巍,徐俊丽.基于 CDIO 的数据库课程教学改革方案研究.计算机教育,2011(2):38-41.

[3]李继芳,奚李峰,董晨.PR-CDIO 环境的计算机工程教育研究.教育与教学研究,2009(18):45-47.

[4]胡文海.数据库教学方法改革的探索与实践探讨.时代教育,2014(2):64.

[5]张健沛,徐悦竹,刘杰,等.数据库原理课程教育模式与 CDIO 模式分析对比研究.计算机教育,2014(2):71-78.

浅谈离散数学中关系特性的教学心得

乐 天 张 威

浙江海洋学院数理与信息学院，浙江舟山，316000

摘 要：关系特性是离散数学教学中的重要内容之一，在实际教学中发现学生不能很好地理解关系特性，继而影响对关系特性的判断和证明。本文根据笔者多年的教学实践，从概念教学入手，讨论了关系特性在教学中的一些心得，以使学生能深刻理解教学内容，提高解决问题的能力，使教师能取得更好的教学效果。

关键词：离散数学；关系性质；概念教学

1 引 言

离散数学是计算机学科的重要专业基础课程，不但为计算机专业的后继课程如操作系统、数据库等提供必要的理论基础，同时培养学生抽象思维能力、逻辑推理能力和综合归纳分析能力。

离散数学课程主要包括数理逻辑、集合论、图论和代数结构四部分内容，在计算机领域有广泛的应用。例如数理逻辑是人工智能、硬件逻辑设计、网络协议描述等技术学科的重要理论基础；集合论几乎在计算机科学技术的每一个领域都有广泛应用，如数据库技术；图论在算法描述、网络布线、指令系统优化等方面具有广泛应用；代数结构与编码理论、信息安全理论等有密切联系。

关系是离散数学中集合论部分的重要内容，关系的特性是对关系进行分类的基础，也是关系后续内容如关系的特性闭包、等价关系和序关系等内容的基础，学生对于关系特性的理解将直接影响后续内容的授课效果。在具体教学中，围绕关系特性的定义展开，判断具体关系所具有的特性，进而进行典型特殊关系的讨论。但是在实际教学中发现：部分同学对关系特性的定义的理解不够透彻，在识别具体关系特性时容易出错，对其后续展开的内容很容易产生困惑。笔者结合自己多年的教学实践，针对关系特性相关概念教学方法进行了经验总结，并对关系特性教学设计进行了探讨，以提高离散数学的教学效果，激发学生学习兴趣，提升学习效果。

2 关系特性相关概念的引入

学生要掌握离散数学的基础，首先是要正确、清晰、深入地理解基本概念。如果学生对基本概念不明确，就很难听懂老师对后续知识的讲解，自然影响学习效果，继而失去学习的

乐 天 E-mail：letianzj_723@qq.com

兴趣。因此在教学中,教师一定要突出概念的介绍和分析。当然,通过好的方法引入相关概念,能先发制人,抓住学生的注意力,这样会收到更好的教学效果。

关系特性的描述是比较抽象的。如果直接介绍定义,会使学生困惑这概念到底在描述什么意思。如果能从生活中的实际例子切入,让学生思考、讨论,进而再给出概念,学生就能更好地接受概念所描述的含义。比如教师和学生之间的师生关系反过来就不可以这样描述,这种关系具有反对称性;张三和李四是同学关系,反过来李四和张三也是同学关系,这就是所谓的对称关系。以此来引导学生理解关系特性,引出如下关系特性的定义和定理:

定义 1[1]:设 R 是 A 上的二元关系,

(1) 如果对任意 $x \in A$,均有 xRx,那么称 R 是自反的,即

R 自反 $\Leftrightarrow \forall x(x \in A \to xRx)$;

(2) 如果对任意 $x \in A$,xRx 均不成立,那么称 R 是反自反的,即

R 反自反 $\Leftrightarrow \forall x(x \in A \to \neg xRx)$;

(3) 如果对任意 $x,y \in A$,xRy 蕴涵 yRx,那么称 R 是对称的,即

R 对称 $\Leftrightarrow \forall x \forall y(x,y \in A \land xRy \to yRx)$;

(4) 如果对任意 $x,y \in A$,xRy 且 yRx 蕴涵 $x = y$,那么称 R 是反对称的,即

R 反对称 $\Leftrightarrow \forall x \forall y(x,y \in A \land xRy \land yRx \to x = y)$;

(5) 如果对任意 $x,y,z \in A$,xRy 且 yRz 蕴涵 xRz,那么称 R 是传递的,即

R 传递 $\Leftrightarrow \forall x \forall y \forall z(x,y,z \in A \land xRy \land yRz \to xRz)$。

以上概念还涉及已学的谓词表示这部分知识,授课时用自然语句做详细描述的同时,要诱导学生用谓词来进行表示,这样不仅使学生对谓词表示有了更深的理解,也能很好地记住关系特性的概念。

定理 1[1]:设 R 为 A 上二元关系,

(1)R 自反当且仅当 $E_A \subseteq R$;

(2)R 反自反当且仅当 $E_A \bigcap R = \varnothing$;

(3)R 对称当且仅当 $R = R^{\sim}$;

(4)R 反对称当且仅当 $R \bigcap R^{\sim} \subseteq E_A$;

(5)R 传递当且仅当 $R^2 \subseteq R$。

3 关系特性教学设计

关系的基本特性的描述并不难,但讲完概念后发现很多学生并不能正确判断关系性质,对证明题的解答更是错误连连。针对这个问题,在实际教学中要注重概念的分析并结合大量实例的练习,对特殊的例子要特别强调,有理有据,循序渐进,使学生能够通过对定义的理解去分析实例,通过实例的练习加深对概念的理解。下面从以下几点给出教学设计。

3.1 关系特性概念的分析

引入关系特性概念后,授课时对每一个性质仍需详细分解,仔细解读。

（1）在介绍概念时要分析好全称量词"∀"和蕴涵词"→"，这种条件命题，在蕴涵前件为假时，整个命题为真。也就是说当关系 R 不满足定义的前件时，可以确定 R 具有该性质。

（2）通过关系图和关系矩阵进一步直观地介绍关系性质，并强调关系图和关系矩阵在具有不同性质时所具有的特点。学生在判断关系性质时可以利用关系图和关系矩阵的特点加以验证。

（3）定理是对关系性质定义的另一种形式的刻画，可以看作另一种形式的定义。同时注意定理是充分必要条件。授课时可引入证明题。

（4）介绍每一个性质时都通过大量的举例让学生马上进行判断，并要求学生构造几个关系，使得这个关系具有某个性质。介绍完所有性质后要进行综合判定，并要求学生构造具有某些性质的关系，同时要求构造某些关系不具有某些性质，这种逆向思维思考问题的训练有利于学生融会贯通。对于空关系、空集上的关系、全关系等这样的特例，容学生慢慢思考后再给出答案。

（5）在举例中，要引导学生进行归类、整理和总结。如一个关系可以既不对称也不反对称，一个关系可以既对称又反对称。这样学生所学的概念会更扎实。

3.2 关系特性的证明

计算机专业的很多学生并不擅长做证明题。在介绍这部分内容时就要尤其注意证明思路的讲解，总结证明时可套用的模式，让学生能够按套路顺利地进行证明。学生越是透彻地理解基本概念，就越容易掌握证明思路。

思路一：通过对谓词表示的理解，可以在假设蕴涵前件成立的情况下，利用已知条件推导出蕴涵后件成立。

思路二：利用定理，在条件满足时可以证明该关系具有相应性质。

证明时，可以用自然语言描述，有时利用逻辑代数中的逻辑等价式或逻辑蕴涵式进行推理的方法显得更清晰明了。举例证明时要注意例子的选取，不仅适用于进行基本运算的关系，也适用于具有特殊运算的关系。

3.3 利用 C 语言程序判定关系性质

C 语言程序设计是一门计算机专业的专业课程，一般在大一第一学期学习，离散数学一般在大一第二学期开设。计算机专业的学生在学习离散数学时要注重实践性，离散数学的许多问题可以利用已学的 C 语言编程在计算机上实现，进一步巩固离散数学知识。同时以离散数学的问题算法为例，可以巩固 C 语言相关知识的学习，编程能力可以得到锻炼。关系性质这部分内容可以通过编程实现。如使用计算机程序实现四元素集合上的所有不同关系，并利用关系矩阵，确定关系的性质。这部分的内容要求课后完成，下次上课演示。若有实验课，可作为实验内容。

3.4 增强学生的自主探索能力

待学生掌握了关系的五大基本特性之后，可鼓励学生去查找其他教材或相关参考书中介绍的特性（如连续性等），并上讲台介绍给同学们。另外也鼓励学生收集并精选一些与教学内容相关的习题，以小组为单位，相互出题进行竞赛。查找资料既能帮助学生梳理运用所学知识,又可以锻炼他们自主探索的能力。

4　结束语

离散数学是现代数学的一个重要分支,计算机的发展、计算机科学的研究离不开离散数学。关系是离散数学中的重要内容之一,关系性质是关系内容的重要组成部分,讲好关系性质内容,对学生学好离散数学起着至关重要的作用。本文根据笔者的教学实践阐述了几点教学心得,与同行共享。为了更好地教与学,提高教学质量和教学效果,其中不足之处仍需要进一步改进,更为有效的教学方法、教学手段、教学设计等仍需继续探索和实践。

参考文献

[1] 王元元,沈克勤,李拥新,等.离散数学教程.北京:高等教育出版社,2010.

[2] 耿素云,屈婉玲.离散数学.北京:高等教育出版社,2006.

[3] 翟明清.关于离散数学教学的几点注记.滁州学院学报,2009(3):63-64.

[4] 莫愿斌.凸显计算机专业特色的离散数学教学研究与实践.计算机教育,2010(14):111-113.

[5] 屈婉玲,王元元,傅彦,等.离散数学课程教学实施方案.中国大学教学,2011(1):39-41.

[6] 刘光洁.谈谈离散数学的教学.计算机教育,2007(6):62-64.

应用慕课理念的计算机网络教学研究

李燕君　郭永艳

浙江工业大学计算机科学与技术学院，浙江杭州，310023

摘　要：随着慕课的兴起，慕课理念为高校课程教学模式改革提供了新的方法。文章探讨如何将慕课理念应用于计算机网络课程教学，从知识点选择、课前视频、课堂活动、课后延伸和成绩评价等环节进行了教学设计，运用多元化的教学方法和教学手段，提高学生的学习积极性、独立思考能力和创新能力，为网络课程更好地适应慕课变革做好准备。

关键词：慕课；计算机网络；教学设计

1　引　言

慕课（Massive Open Online Course，MOOC）是大规模开放在线课程的简称。"大规模"是指课程注册人数多，每门课程可容纳数万人；"在线"意味着教与学的活动主要发生在网络环境下；"开放"是指任何感兴趣的人都可以免费注册学习。慕课是"互联网＋教育"的典型代表，它起源于美国。2012 年首个慕课平台 Coursera 成立[1]，推出仅 4 个月注册学生人数就达到 100 万人。随后美国高等教育界包括斯坦福大学、哈佛大学和麻省理工学院等名校掀起了一股 MOOC 风潮。2013 年，国内著名高等学府清华大学、北京大学、复旦大学等也相继加入慕课行列。目前 Coursera、Udacity 和 edX 这三大慕课平台被誉为国际在线教育的三驾马车。国内知名的慕课平台有中国大学 MOOC、MOOC 中国、网易云课堂、MOOC 学院、智慧树等。

慕课课程开放共享和分布式的教学资源特性改变了传统的课堂教学理念，为高校课程教学模式改革提供了新的方法。以计算机相关专业的核心课程"计算机网络"为例，其主要教学目的是使学生具备完整的计算机网络体系思想，对网络协议和网络设备的工作原理有深刻的理解，能够根据需要进行中小型网络的设计与规划，掌握一定的网络安全技术，具备设计与实现网络应用程序的能力。"计算机网络"课程传统的教学模式是以教师为主，学生为辅，存在的问题是重理论讲解，轻实际操作，理论脱离实际，产学脱节，学生对所学概念难以理解，常常是囫囵吞枣、学习积极性低、主动性低，独立思考和创新能力受到限制[2]。本文将探讨如何将慕课教育理念渗入目前的计算机网络课程教学中，改善沉闷的教学氛围，运用多元化的教学方法和教学手段，提高学生的学习积极性，培养学生的独立思考和创新

李燕君　E-mail：yjli@zjut.edu.cn

郭永艳　E-mail：gyy@zjut.edu.cn

项目资助：本文受浙江工业大学教学方法改革专项项目 JGZ1304 资助。

能力,使学生获得个性化教育。

2　慕课理念

北京大学李晓明教授将慕课定义为"主讲教师负责的,支持大规模人群参与的,以讲课视频、作业练习、论坛活动、通告邮件、测验考试等要素交织的教学过程"[3]。由此可知,慕课教育理念是把优质教育资源通过网络的方式低成本地展现,学习成员可以选择自己喜欢的课程、灵活支配时间、自主安排进度。学员与学习环境的交互不仅表现为与虚拟教师的交互,如提交作业、完成测试等,还表现为通过网络学习完善自己提出问题、分析问题和解决问题的能力,在学习共同体中相互分享自己的想法和评价[4]。慕课的教育方式也最大限度地满足了学习共同体成员间的学习和情感的交流,充分展示自己对课程的理解。

2013年10月,果壳网对6116名网友进行了网上问卷调查,数据表明,MOOC平台的使用者大多数是18~25岁的年轻人,学生人数超过50%。相比于传统的课堂教学,在互联网背景下成长起来的学生更喜欢在线学习。但是MOOC也存在一些弊端,例如学生不能与教师面对面直接沟通,MOOC相对宽松的教学方式使学生缺乏学习的氛围与压力[5],学生的懒惰性容易造成替代学习,实践实验课程教学缺乏在真实的实验环境中的操作等,而这些恰恰是课堂教学的优势。因此,将慕课理念与课堂教学有机结合非常有必要。

3　应用慕课理念的教学设计

将慕课理念应用于计算机网络教学,不是简单地将课堂教学转变为网络教学。我们认为应有针对性地选择教学内容中适合应用慕课理念教学的知识点,引导学生在课前自主观看在线视频,综合应用多样化的教学方法和教学手段,弥补单纯的慕课教育中学生不能与教师面对面直接沟通的缺憾,更有效地调动学生的学习热情。下面我们针对计算机网络的教学具体阐述在知识点选择、课前视频、课堂活动、课后延伸和成绩评价等环节进行教学设计。

3.1　知识点选择

计算机网络课程选择的教材是谢希仁编写的《计算机网络原理(第6版)》。表1列出了必修的七个章节中我们认为适合应用慕课理念的知识点。这些知识点难易适中且相对独立,便于学生在课前观看相应的视频。同时,我们针对每个知识点都给出2~3个问题,以便学生带着问题观看视频,检验自学的效果。例如,针对计算机网络的历史这个知识点,我们提出的问题是①计算机网络的发展经历了哪几个阶段,每个阶段有什么特点? ②互联网诞生的标志是什么? 针对ARP协议,我们提出的问题是①为什么要同时使用IP地址和硬件地址这两种不同的地址? ②同一个ARP报文能跨不同网段工作吗? ③为什么APR高速缓存每存入一个项目就要设置10~20分钟的超时计时器,这个时间设得太大或太小会出现什么问题? 针对拥塞控制算法这个知识点,我们提出的问题是①网络拥塞是如何产生的? ②TCP控制拥塞有哪几种方法?

表 1　计算机网络教学中适用慕课理念的知识点

教材章节	知识点选择
第一章　计算机网络概述	计算机网络的历史
第二章　物理层	数字调制与多路复用
第三章　数据链路层	差错控制、以太网协议
第四章　网络层	ARP 协议、距离矢量算法、链路状态路由
第五章　运输层	拥塞控制算法
第六章　应用层	DNS、FTP、电子邮件协议、HTTP
第七章　网络安全	对称密钥算法、公开密钥算法、数字签名

3.2　课前视频

针对每个知识点，引导学生在课前观看相应的视频。例如，针对计算机网络的历史这个知识点，我们让学生提前观看 Coursera 上密歇根大学 Charles Severance 教授讲授的"互联网的历史、技术和安全"课程中的部分视频；针对其他知识点，我们引导学生观看华盛顿大学 David Wetherall 教授讲授的"计算机网络"课程相关视频。同时，我们也自己制作了一些短小精悍的"微课"[2]。学生可以按照自己的方式学习，基础好的学生可以加快学习速度，基础差的学生可以放慢进度，学生也可以先看测试题，带着问题观看视频并在其中寻找答案；学生在观看视频和做测试题的过程中可能产生疑问，学生可以自主查找资料，增强自学能力；学生也可以在网络平台与教师进行交流，也可以线上线下在同学之间进行交流。

3.3　课堂活动

课堂教学活动的设计是我们区别于传统网络教学的关键。教师首先根据学生课前的反馈情况，有针对性地讲解相关知识点。学生可以谈谈观看在线视频的心得感受。然后，教师可以综合运用多样化教学方法和教学手段进行课堂活动的设计。例如，在第一次讲授体系结构、协议的建模与分析时采用"传授型"教学模式，以教师为主体引导学生掌握一般的分析方法；而在其后类似的协议讲解时，采用"探究型"教学模式，由教师抛出问题和任务，以学生为主体通过自主探究和协作交流给出问题和任务的解答，最后由教师点评并进行知识点的归纳。这样的教学模式更有利于培养学生举一反三和创新思维的能力。根据具体内容，适时采用"基于问题学习"的教学方法，以激发学生的学习兴趣和探索解决问题方法的能力。例如，在学习 ARP 协议时，教师通过 Packet Tracer 构建一个网络场景，通过报文截取，让学生观察到原始报文，提出相应问题，使学生在分析讨论中更深刻地理解 ARP 的工作流程；在学习 IP 协议时，先提出问题"怎样将一张照片从一台计算机传递到远在千里之外的另一台计算机"，让学生针对该问题展开讨论，从而归纳出 IP 数据包在网络中转发的流程。在分组讨论时，3～5 名学生组成一个讨论小组，每组推选一名组长。讨论组长负责协调组员参与问题讨论和发言，组长需积极调动起每位组员参与问题讨论的积极性。教师在学生讨论过程中可随机旁听某组的讨论情况，适当给出意见和建议。学生相互交流对问题的认识和想法，以辩论或相互补充的方式达到组内共识。教师给学生 3～5 分钟的小组讨论时间后,请小组代表总结发言,其他组的成员可与其辩论或补充,教师在此过程中及时纠正学生学习中的错误,并适当发问,引导学生思考更深层次的问题。对于学生存在的共性问题,教师可以统一示范,集体解决。这样,学生的学习能力在"思考—研讨—陈述—提问—点拨—再思考"的过程中不断提升。

3.4　课后延伸

由于网络技术的发展日新月异,在线视频和教材无法涵盖网络领域的前沿热点问题。因此,应鼓励学生在课后对相关热点问题进行资料查找,撰写研究报告,从而提高学生的研究能力,促使学生将已有知识应用到实践中。课程选取的热点问题包括多媒体网络、软件定义网络、移动网络和物联网等。

3.5　成绩评价

为了激励学生更积极、主动地学习和参与课堂讨论,必须建立多角度的成绩评价机制,合理提高平时成绩的比重。平时成绩应综合考虑学生在课堂和网络平台参与讨论的积极程度、回答问题的质量、组织和表达能力、团队协作能力、创新能力等多项指标。例如,课程考核采取笔试、实验和讨论汇报相结合的方式。笔试占 50％,主要考核学生的理论知识;实验和讨论占 50％,考核学生课堂上演讲和课外的实验能力。课堂演讲的评分由团队分和个人贡献分共同组成,团队分数由教师按照团队任务完成质量、团队研究报告及现场答辩的情况给出,个人贡献分由团队负责人按照组内成员的不同贡献给出。在网络平台积极提问和回答问题的学生给予额外加分。

4　结束语

综上所述,我们认为最大潜能地利用线上的 MOOC 课程和微课,通过提出问题的方式在线学习,可激发学生的学习兴趣,提高学生的自主学习能力;将慕课教育理念渗入课堂教学,有效组织课堂内容,综合运用多样化的教学方法和教学手段,能发挥学生学习的主观能动性,培养其协作学习意识,有助于学生巩固和运用知识;同时,重视教学中的认知反馈,及时发现学习中的错误并加以纠错,有利于内化学生的课堂学习知识;最后,在课外延伸课内知识,鼓励学生关注前沿热点问题,才能真正为推动计算机网络课程的教学起到积极作用。

参考文献

[1] Coursera[EB/OL].[2015-06-30].https://www.coursera.org/.

[2] 李燕君.翻转课堂模式下计算机网络课程的教学研究.计算机教育,2014(20):18-22.

[3] 李晓明.慕课:是橱窗?还是店堂?.中国计算机学会通讯,2013,9(12):24-27.

[4] 于明远,王子仁,熊丽蓉,陆亿红.向慕课发展的计算机网络课程群建设.计算机教育,2014(20):78-81.

[5] 钱付兰,陈喜,张以文.面向 MOOC 的网络程序设计课程教学模式设计.计算机教育,2015(4):41-43.

计算机课程的校本微课开发与应用探索

林莹莹　蒋智慧　陈　盈

台州学院 数学与信息工程学院，浙江临海，317000

摘　要： 随着"用视频再造教育"教学理念的传播，微课在国内悄然兴起。本文针对计算机类课程教学的现状和不足，提出开发校本微课并应用于教学，构建基于校本微课的翻转课堂教学模式；并以"计算机网络"为例，阐述计算机类课程的校本微课的实施过程。实践数据表明，校本微课的开发与应用能有效提高学生的学习积极性，提升课堂教学效果。

关键词： 计算机课程；微课；校本微课；翻转课堂

1　引　言

计算机科学作为一个工科专业，注重学生实践操作和创新能力的培养。当前高校计算机类课程的教学内容多且更新快，课时普遍不足；且受传统教学重理论轻实践的影响，学生对理论知识理解不足。

随着信息技术的发展和萨尔曼·可汗"用视频再造教育"[1]教学理念的传播，"微课"[2]＋"翻转课堂"[3]的教学模式已迅速引起关注。教师将上课讲授的关键点制作成"微视频"[4]让学生通过电子设备自主学习，课上则帮助学生解决不懂的问题，师生互动讨论——这种模式充分符合"碎片化学习"[5]的潮流，以"微课程"[6]形式呈现的知识传播方式受到一致认可。

因此，构建校本微课，将微课和翻转课堂应用于高校计算机类课程教学，对于充分发挥在线学习的优势，延伸课堂教学时间，扩展教学实践环节，提高课堂教学效率，具有现实探究意义。

2　相关工作

微课（Micro Lecture）的概念最早来自于 LeRoy A McGrew 的 60 秒课程[7]，此后 David Penrose 提出微课[8]，并认为微型知识在相应的作业与讨论支持下可以与传统的授课取得相同的效果；而国内最早引入相关概念的胡铁生老师则认为，微课是以教学视频为主要载体，针对某个知识点或某个课堂教学环节开展教与学活动的，基于传统单一资源类型有机

陈　盈　E-mail：ychen222@foxmail.com

项目资助： 浙江省高等教育课堂教学改革项目"基于竞赛理念的课堂教学模式改革"；台州市教育科学规划研究课题（GG15015）；台州学院校立学生科研项目（15XS13）。

整合的新型教学资源[9]。

当前微课开发主要存在两种模式：第一种是根据微课的特点将已有的教学资源切片加工重组，二次开发形成微课；第二种模式是根据实际教学需要和师生资源需求，设计开发新的优质"微课"资源[10]。第一种模式合理利用了原有资源，但教学设计缺乏创新，更多的是教师上课时录制的视频，严格意义上说只是教学片断而非微课；第二种模式立意较好，但也存在一些问题，例如表现形式单一、视频声音不够清晰、PPT 字体未被录屏软件或摄像机捕捉等[11]。这些不足均影响了学生的学习体验，使学习效果大打折扣。

关于微课的探索虽多，如刘小晶等根据微课中存在只注重内容的呈现形式，忽视教学原理指导下的教学设计的问题，提出基于五星教学原理的微课教学设计[12]；郑炜冬以情感因素为切入点，提出微课情感化设计理念，构建微课情感化设计的三层设计模型和实施策略[13]；梁乐明等基于国内外典型微课程的对比分析进行微课程设计模式的研究[14]等，但大多停留在对微课教学的设计和微课资源的建设上，而缺少对微课在教学中的应用实践。简单来说，就是基于微课的翻转课堂教学法研究。这些采用"微课＋翻转课堂"教学理念的资源建设方案大多借鉴 Robert Talbert 的翻转课堂结构模型[15]，但教学过程多注重课前预习和课堂学习两大部分，忽略了课后反思总结的重要性。若不经整合加工直接将这些方案用于高校课堂教学，必然会出现"水土不服"等问题。因此，合理利用现有微课资源，将微课资源校本化，具有明显的实践探索意义。

3 校本微课开发

3.1 校本微课

校本微课是立足学校实际情况，结合具体学科特点，符合学校校情、教师师情、学生学情，以教学视频为主要载体，针对某一知识点或某一技能而精心设计的包括教学设计、PPT、学习任务单等教学资源的有机结合体[16]。校本课程的课时安排微型化后，其课程内容组合有弹性，实施方式灵活多样，挑战了传统课堂的条条框框。校本微课的开发有助于在有限的课时总量中体现丰富的知识信息，选择性的自主学习有助于学生提高学习效率，符合信息大爆炸环境下学生对课程学习的需求。

3.2 开发模式

计算机课程的校本微课开发模式可基于刘小晶等[12]研究的五星教学原理，以聚焦知识点和问题为原则，将微课贯穿于"激活旧知→探索新知→实践应用→融会贯通"四个阶段的教学过程循环圈，充分借鉴新型教学模式翻转课堂的教学理念，构建如图 1 所示的总体框架。

该模式主要包括课前微课导学、课中微课助学、课后微课巩固三个教学环节，基于微信平台，以微信公众号构建资源共享平台，通过微信群实现师生点对点及点对面即时交流，形成"微信公众平台—微信讨论群—即时通信"的个性化网络学习环境。

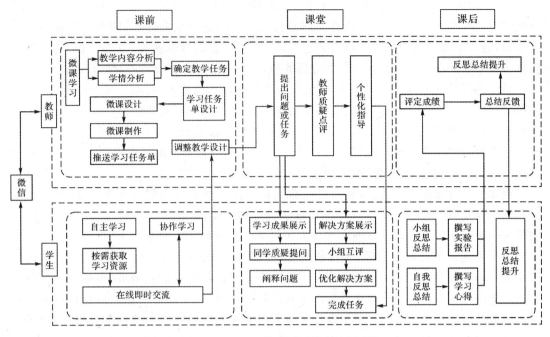

图 1　计算机课程校本微课开发总体框架

（1）课前微课导学。教师根据学校实际情况，结合学科具体特点，遵循知识点有效传播规律，充分分析教学对象学情、教学内容，确定具体教学任务，制定学习任务单，根据学习任务单进行微课教学设计，制作以微视频为主的微课教学资源，将学习任务单通过微信公众平台推送给学生。学生根据教师设计的学习任务单展开自主学习，对微课中讲解的知识点进行探究性学习，并使用微信群聊完成协作学习过程。

（2）课中微课助学。教师利用微课帮助学生解决理论教学中的重点、难点、易错点及混淆点；学生基于项目或问题进行课堂学习活动，完成知识的内化和能力的扩展。

（3）课后微课提升。教师根据学生课前微课导学和课中微课助学中遇到的典型问题，反思自己的教学设计，进而改进自己的教学设计。学生对学习过程进行反思总结有助于进一步构建自己的知识体系，巩固所学知识。

4　校本微课应用

4.1　应用实例

以计算机网络课程为例，该课程是计算机科学与技术专业的主干课程。根据课程特点，在重视网络基本理论和工作原理讲解的基础上，更要重视网络工程构建和网络应用等问题的分析，是一门原理、工程与应用紧密相连的实践性强的课程。

台州学院选修计算机网络课程的每个教学班控制在 60 名学生左右，以 3～5 人为单位划分小组，以小组为单位开展协作学习，每组选定一名组长，负责组内的分工合作事宜。

(1)微课导学。学习任务单有助于学生认清学习目标，引导学生自主学习，是提高学生课前学习效率的关键。因此，教师首先对教材教学内容进行充分分析，结合学校特色和学科特色，通过微课学习借鉴先进教育理念和教学方法，确定教学任务，以教学任务为依据，以任务驱动和问题导向的方式设计学习任务单，围绕学习任务单设计并制作校本微课。

校本微课的核心是教学视频，同时包括与教学主题相关的教学设计，及教学课件、练习测试、教学反思等教学资源。根据可汗学院在线课程的统计和脑科学的研究，人注意力集中的有效时间约 10 分钟。因此，针对一个课时，教师通常录制 1～3 个 5～6 分钟的教学视频。教学视频的制作通常采用 Camtasia Studio 录屏软件或直接用摄像机拍摄，录屏中为保证视频录制中 PPT 的清晰度，PPT 中字号设置通常需在 28 以上。

微课教学资源制作完成后，教师将其按类别添加到微信公众平台高级功能中的"关键词自动回复"功能，并绑定有特点内容和数字代号的关键词，将微课资源成功绑定后，通过微信公众平台的"群发功能"以消息推送方式向学生发布学习任务单。

学生关注微信公众平台后，会接收到教师推送的学习任务单和操作提示，根据学习任务单的引导开展自主学习和小组协作学习。学生学习过程中若遇到困难，可根据微信公众平台上的操作提示获取需要的教学资源为自己答疑解惑，对于学习中遇到的难点可通过反复观看教学视频来解决。倘若学生在反复观看教学视频后仍存在困惑，则可通过微信平台中的微信群功能发起点对面的即时交流，也可通过微信平台的点对点交流方式寻求教师帮助。教师根据微信平台中的交流情况和学生学习任务单的完成情况实时掌握学生对教学内容的掌握情况，并根据学生对知识点的掌握情况实时调整教学设计。

(2)微课助学。在计算机网络课程的理论教学中，根据学生课前自主学习情况，教师在课堂上提出进阶式课堂任务。例如：在计算机网络课程第六章网络层的教学中，学生在课前通过教学视频进行自主学习可基本掌握 IP 地址及子网编址的基本方法。课堂上，教师可结合具体实例提出有关 IP 地址及子网编址的应用问题，如对学校网络充分划分子网并分配 IP 地址。学生以小组协作学习形式完成教师布置的课堂任务，并派小组代表进行任务成果的展示。任务成果展示完毕后，其他组可对其成果进行质疑提问，小组代表或小组成员需对他人的质疑进行合理的阐释。在完成任务的过程中如遇到问题，学生可通过教师录制的教学视频进行重点、难点和易错点的回顾，也可通过与教师面对面交流解决疑难问题。

在计算机网络课程的实验教学中，小组先派代表进行实验方案的展示，并进行组间相互评价，教师也针对其实验进行点评；之后，小组针对组间及教师给出的评价进行实验方案的优化；最后，根据优化后的实验方案进行实验。实验过程中，如遗忘了复杂的操作步骤，可通过在线获取相应教学视频观看实验演示步骤，进而完成实验。实验过程中，教师巡回观察学生实验过程，适当提供个性化指导，但不参与学生实验过程，给学生充分发挥的空间。

(3)微课提升。针对理论知识的学习，学生可通过微课资源中的能力自测题进行查漏补缺。对于那些在课前导学阶段和课中助学阶段还未掌握或掌握不扎实的知识点，学生则可通过反复查看微课教学视频进行巩固提升，而对于学习中遇到的问题也可通过微信交流平台发起即时交流，通过师生间反复的交流巩固知识。学习结束后，学生对自己的学习过程进行反思总结，撰写学习心得并上传。

针对实验过程的实践操作,由各组的组长组织组员进行反思总结。对于实验过程中不清楚的问题,学生可通过观看相关教学视频或者通过微信交流平台上的即时交流进行解决。另外,各组的组长要落实好小组内实验报告的撰写和上传。

教师根据学生撰写的学习心得和小组提交的实验报告,并结合学生的学习积极性、学习情况等因素综合评定学生的成绩,并通过微信交流平台与学生进行课后交流,即时反馈学生学习情况,分享优秀的学习心得和实验报告,引导学生进行反思总结提升,并对自己的教学进行反思总结提升。

4.2　效　果

经过近一年的教学探索和改进、完善教学方法,学生对课程学习的积极性得到提高,对课程的认可度上升,对任课教师的认可度也有大幅度提高。学生对问题的解决能力,自我探究能力,创新能力均有增强,课程优良率提高,不及格率降低。

如图 2 所示,教学未改革之前,学生对计算机网络课程的评分在 3.0~3.5,任课老师的评分也基本稳定在 3.0~3.5,而在 2014 年秋计算机网络课程进行基于校本微课的教学改革尝试后,课堂评分提高到 4.2,任课教师的评分提高到 4.1,并于 2015 年春季学期持续提升。

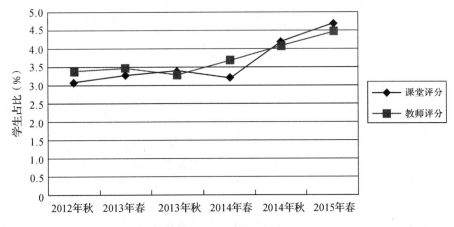

图 2　校本微课改革前、后的学生评分统计图

如图 3 所示,在未开展教学改革尝试之前,学生成绩总体集中在 B、C、D 三个等级中,且三个等级的学生人数分布较均匀,都约占总人数的 1/4,而在尝试校本微课的开发并将开发的校本微课应用于教学中后,学生成绩基本分布在 A、B 两个等级中,且获得 A 等级的人数大幅上升,课程的优良率也由原来的不超过 40%,在 2014 年秋季学期达到 65%,在 2015 年春季学期达到 80%左右。

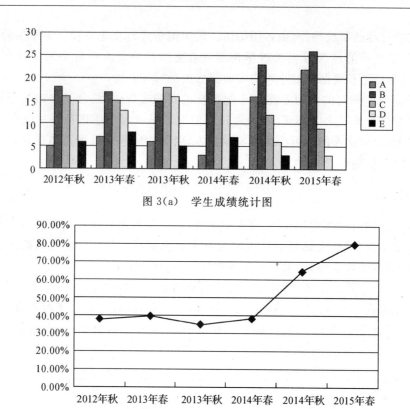

图 3(a)　学生成绩统计图

图 3(b)　课程优良率统计图

5　结束语

　　本文介绍了合理利用已有的在线优质教学资源,结合本校特色,整合资源,形成适合本校师生使用的校本微课,并将其应用于计算机网络课程的过程。实践证明,该尝试有助于提高学生的学习积极性,促进学生能力的培养,符合时代对人才的培养需求,同时提高了课堂教学质量,进而提高了高校教学质量。当然,教师在对在线教学资源的整合及校本微课的设计制作等方面都需要付出较多的时间精力,对教师专业水平、教学水平的要求也更上了一层楼。此外,如何提高教师信息化教学设计能力,如何提高教师教学探索积极性,如何避免校本微课的开发应用走课内整合老路,这些问题都有待于探索解决。

参考文献

[1] Khan S. Let's use video to reinvent education [EB/OL]. Ted Talks,2011[2015-7-9]. http://www.ted.com/talks/salman_khan_let_s_use_video_to_reinvent_education. html.

[2] 黎家厚. 微课的含义与发展. 中小学信息技术教育,2013,4(1):10—12.

[3] 张金磊,王颖,张宝辉. 翻转课堂教学模式研究. 远程教育杂志,2012(4):46—51.

[4] 王觅,贺斌,祝智庭. 微视频课程:演变,定位与应用领域. 中国电化教育,2013(4):88—94.

[5] 姜强,赵蔚,王朋娇. 碎片化学习视域下基于智能手机的大学生移动学习认知研究. 现代远距离教育,2014(1):37—42.

［6］梁乐明,梁锦明.从资源建设到应用:微课程的现状与趋势.中国电化教育,2013,319(8):71—76.

［7］LeRoy A. McGrew. A 60-second course in organic chemistry. Journal of chemical education,1993,70
(7):543.

［8］Shieh D. These lectures are gone in 60 seconds . The Chronicle of Higher Education,2009,55(26):A1,
A13.

［9］胡铁生,黄明燕,李民.我国微课发展的三个阶段及其启示.远程教育杂志,2013,217(4):36—42.

［10］胡铁生.微课:区域教育信息资源发展的新趋势.电化教育研究,2011,222(10):61—65.

［11］王雪.高校微课视频设计与应用的实验研究.实验技术与管理,2015,32(3):219—222.

［12］刘小晶,张剑平,杜卫锋.基于五星教学原理的微课教学设计研究.现代远程教育研究,2015,133(1):
82—97.

［13］郑炜冬.微课情感化设计:理念,内涵,模型与策略.中国电化教育,2014,(6):101—106.

［14］梁乐明,曹俏俏,张宝辉.微课程设计模式研究.开放教育研究,2013,19(1):65—73.

［15］Talbert R. Inverting the linear algebra classroom. Primus,2014,24(5):361-374.

［16］赵国辉.校本微课的价值取向研究.电化教育研究,2014,(7):103—107.

一个理想的模块化程序设计案例

吕振洪

浙江师范大学，浙江金华，321004

摘　要：模块化的抽象思维能力在项目开发过程中至关重要。但在 C 语言的教学、训练中，鲜有好的项目让学生理解、消化用模块化程序设计对解决问题带来的影响和优势。本文通过"Turbo C 2.0 菜单系统"案例，把项目分解成一些小模块，先让学生分步实现各模块，然后按模块化程序设计的思路再优化原实现，最后逐步组装成"菜单系统"项目。项目实施过程紧凑，代码简洁且可读性好。该案例也可应用于 8086 系列汇编语言课程的教学。

关键词：模块化程序赫斯基；菜单系统；优化；数据结构

1　引　言

在 C 语言教学中，教师需解决"教学中的理论内容在实际中如何应用？"这一问题。教材中鲜有较好的案例来指导模块化程序设计[1]。本文以 Turbo C 2.0 菜单系统为例，利用"→"、"←"、"↑"、"↓"、"Esc"、"Enter"、"Alt＋X"这些键在 Windows 的控制台环境下模拟完成菜单的操作。该菜单系统的逻辑结构如图 1 所示。

目前的面向对象的程序设计语言要实现这样的菜单已非常简单。但对 C 语言的初学者来说，通过此案例可从三个方面来强化模块化设计：一是实现 Turbo C 系统该怎样模块化设计；二是菜单系统的模块化设计；三是实现小的功能时的模块化设计。

2　菜单系统的数据组织

我们希望所编写的菜单程序能处理各种各样的菜单，这需要有好的数据结构[3]。一方面要有好的菜单存储结构，另一方面要满足菜单系统选择处理所需的数据模型[2]。

2.1　菜单系统的存储结构

从菜单系统的逻辑结构图可看出：主菜单里包含子菜单，子菜单里含子菜单或菜单项。根据这样的递归结构，我们可用如下的存储结构来解决：

```
typedef struct MenuItemStru{
int SubMenuItemCount;
int SubMenuItemWidth;
```

吕振洪　E-mail：jhlzhxch@zjnu.cn

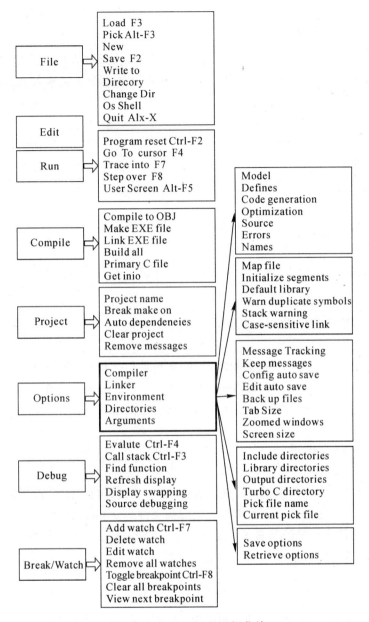

图 1   Turbo C 2.0 的逻辑菜单

```
MenuItemStru * pSubMenuAddr;
int MenuItemStrWidth;
char * MenuItemStrAddr;
}
```

　　上述结构分别表示:子菜单数目、子菜单的字符宽度、指向子菜单的指针、菜单项的字符宽度、菜单项的标题。其中,pSubMenuAddr 指针用来存储图 1 中看到的箭头信息。此结构的一些项是为简化设计而引入的。按此结构来组织菜单数据时需注意:所有主菜单项按数组组织,同一菜单下的子菜单项也按数组组织。

2.2 菜单系统的选择管理模型

通过图 1,我们得知菜单数据的逻辑结构是树型结构,而菜单系统的选择过程按先进后出的栈式处理即可。因此,我们可以利用一个栈来存储管理菜单系统选择过程中的历史信息,栈的最大容量为菜单系统中最大的菜单层次数,而栈顶指针就是选择菜单时所处的第几层菜单。为描述方便,我们把该栈称为菜单选择的历史缓冲区。

为简化菜单系统处理的算法,我们把菜单系统选择处理时的每层的(子)菜单数组首地址、(子)菜单项数目、当前层菜单的选中项号以及(子)菜单的显示位置等信息都放进历史缓冲区里。该缓冲区的结点类型的定义如下:

```
typedef struct MenuSelectStru{
int MenuIndex;
int MenuTotal;
MenuItemStru * pMenuAddr;
PCHAR_INFO pSaveText;
int left,top,width,height;
}
```

上述结构分别表示:选中项、菜单项总数、菜单数组首地址、备份显示缓冲区的指针及(子)菜单的显示位置等。当 pMenuAddr 为空时表示没有拉下子菜单。pSaveText 是保存子菜单下拉时所占屏幕区域的原始信息的备份缓冲区的指针。

3 菜单系统的模块化设计

实现菜单系统时需要调用下列特殊函数:读取特殊键、定位光标、设置前景背景颜色及显示缓冲区的备份与还原等。这些函数所在的头文件为 conio.h。由于学生第一次接触这些内容,最好采用循序渐进的任务来实施项目。让学生先做简单的任务,并把项目的目标融合在这些小任务(模块)中。

3.1 光标漫游

任务 1:在控制台 25 行 80 列的显示屏内,通过按键"→、←、↑、↓"来改变光标的位置,如按"→"键则光标往右侧走一列,按"↑"键则光标往上走一行,最终通过"Alt＋X"结束程序。

通过该任务,要求学生掌握读取特殊键、定位光标等函数。该任务的算法框架如下:

```
//初始化参数(x,y),定位光标
    do
    {
//读键
//判断键值,并修正相应参数
//定位光标
```

```
} while();
```

学生完成此任务应该比较轻松,关键是折返处理方式要简洁,采用类似 x＝(x+1)%25 的方式来实现。

该任务跟菜单系统的关联性体现为:x 相当于选中的菜单项,y 相当于所操作的菜单层。

3.2　光标漫游的改进

实现上述任务的代码加以模块化后,可作为菜单系统选择的总控程序。

本任务做如下要求:把修正过程跟相应键处理挂钩,每个对应键处理过程封装成一个模块(函数)。算法框架如下:

```
键表数组;//→←↑↓等键值
键的函数指针数组;//对应键的//函数指针
do{
    //读取键
    //根据键值扫描键表数组//如存在,则执行相应的函数//数指针数组中的函数
}
void doLeft()//"→"键处理函数
{
}
......
```

拓展:上述键表数组与键的函数指针数组最好用结构体数组来代替。这种索引表的组织方式可用于 Turbo C 系统的实现。从图 1 可看出,主菜单或子菜单的项数不超过 16 项,菜单的层数不超过 3 层,则可用不超过 3 位 16 进制数来构成关键字,再把关键字对应需执行的功能模块。如用 0x00 对应"Load"功能;用 0x540 对应到"Save options"功能。

3.3　显示带颜色的框

任务 2:能显示各种尺寸的文本框,且边框的字符和颜色也可按参数改变。

该任务主要让学生熟悉有关颜色等函数的使用,同时要求所实现的程序的模块化程度较高(包括参数表的定义)。

显示方框的主算法框架如下:

```
//显示第一行
//for 显示中间行
//显示最后一行
}
```

学生初始编码时,往往没把"显示第一行"当作一个模块(函数)。修正程序后,让学生理解模块化设计对程序可读性的影响。

3.4　菜单系统的数据组织

训练时,我们可让学生各自摸索 Turbo C 系统实例,采用探讨等方式来确立可行的模

型,最后可考虑把统一的模型数据提供给学生。由于上文已有相关的数据结构,限于篇幅,此内容不做详述。

3.5 主菜单的显示与切换

任务3:在屏幕上先显示主菜单,然后能通过"→、←、↑、↓"来切换菜单项。

本任务要求结合任务2的程序来完成。任务要点:①把主菜单数据看成一个数组,用循环实现主菜单项的显示;②结合光标漫游任务,根据对应的菜单项的下标,获取信息后定位到对应菜单项;③利用textattr函数,实现菜单项的颜色改变。

3.6 主/子菜单的显示与切换

结合历史选择缓冲区,来实现主/子菜单的显示与切换。实现时要求主/子菜单的显示都用同一函数。相关按键的功能处理要简洁。

假定历史缓冲区的栈名为His,栈顶指针为Ly,相关键的处理算法如下:

(1)左右光标键"→、←"算法。

①根据His[Ly].MenuIndex把相应菜单改成未选中的颜色;

②修正His[Ly].MenuIndex;

③把相应菜单设置成选中颜色。

(2)上下光标键"↑、↓"算法。

算法同"→、←"算法。

(3)回车键"Enter"算法。

判断是否有子菜单;如有子菜单数据,则按下列过程处理:

①Ly++;

②根据His[Ly−1]结点内容来填写His[Ly]结点;

③备份子菜单待显示的区域;

④显示子菜单。

(4)退出"ESC"算法。

判断是否有下拉的子菜单;如有下拉的子菜单,则按下列过程处理:

①Ly−−;

②还原显示缓冲区及结点中指针。

4 结束语

本案例可以根据实际情况再扩充实验内容。通过此项目的训练,学生的模块化设计能力有一定的提高。另外,本项目根据"汇编语言"课程的特点[4],结合教学内容可采用项目驱动的方式来实施教学。

参考文献

[1] 谭浩强.C 程序设计(第四版).北京:清华大学出版社,2010.

[2] 严蔚敏.数据结构(C 语言版).北京:清华大学出版社,1997.

[3] 吕振洪.从菜单资源中获取菜单文档.计算机系统应用,2001:58-60.

[4] 吕振洪.用结构化程序设计思想指导汇编语言开发.自动化技术与应用,2001:42-44.

"信息系统分析与设计"项目型教学模式的探索与研究

王竹云

浙江财经大学，浙江杭州，310018

摘　要：项目型教学模式实现了课堂教学与项目实践相结合,教师的知识教授与学生的实际运用相同步。学生进入项目角色,在项目的驱动下,通过项目所需知识点与教学内容的结合,能把被动接收知识变为主动探求知识,把学习之后不知何用,变为为实现项目任务而学习。在项目型教学模式中,项目的选题十分重要,需要教师透彻掌握课程,并对实际进行全方位的分析,然后总结多年开发项目的实践经验与多年教学授课经验,在此基础上确定项目的题目。

关键词：信息系统;软件工程;项目;教学;实施;考核

1　引　言

"信息系统分析与设计"课程是信息管理与信息系统专业必修课,也是计算机类课程综合应用的一门课程,是一门指导计算机软件开发和维护的课程。设置课程的目的就是要求学生通过系统地学习软件开发的过程、工具、方法,掌握软件开发的技术,能用工程的观点来认识系统开发的软件工程的建设;掌握项目系统的开发方法;掌握项目系统开发的各个步骤及技术,按计算机软件工程规范国家标准撰写文档,使其将所学的理论知识快速地应用于项目开发实践,从而具备从事计算机系统开发和维护的初步能力。课程内容抽象,总结性的内容较多,条条框框较多,不太容易讲解,学生学习起来也感到内容空洞、枯燥乏味、难学。针对这种普遍现象,其主要原因有:

课程的综合性强。软件开发是一项系统工程,需要开发者具有操作系统、网络操作系统、数据结构、数据库系统和前台开发工具等诸多方面的知识和综合能力。而学生学习的只是单一的课本知识,知识面窄而且没有系统化。

实践经验的缺乏。本课程是实用工程学科,一方面,课本内容采用将知识点从具体到抽象、对实践经验进行概括总结的方法加以叙述,学生对实例并不了解,难以理解所讲述的知识,另一方面,没有适合学生观摩和借鉴的实用软件系统。

要想将该课程讲得通俗,让学生易于接受又能达到相应的教学效果,必须对该课程进行改革,采用项目型教学,突出实践环节。项目型教学模式借鉴了实践型教学模式的教学与实践相同步的方式,同时吸收了实际软件工程项目的组织方式,力图在教学中同步培养学生对知识的自学能力和实际运用能力,培养学生开发计算机应用系统的独立解决问题的工作能力、自己动手的实际操作能力及团队团结协作精神,并提高整体的综合素质。

王竹云　E-mail:wangzhuyun@tom.com

我们在继承传统教学方法的基础上,结合专业的特点,不断改革和完善课堂教学、课程实践等的教学方法与教学手段,努力提高学生的学习能力和实践创新能力,取得了一定的实施效果。

2 项目型教学模式的理论教学过程

2.1 建立合理的课程内容体系

要建立合理的课程内容体系,首先应合理地选择教材。我们选用的教材为王晓敏、邝孔武编著的《信息系统分析与设计》。该教材内容的特点是:①理论性,教材比较全面地介绍了信息系统分析与设计的基本原理、概念和方法;②实践性,课程的内容体系强调基本原理、方法在实践中的具体应用;③先进性,教材较为详细地介绍了信息系统分析与设计中的新技术、新方法。同时,我们选用的辅助教材为张海藩编著的《软件工程导论》。

其次,应根据学生的培养方向、学时数等因素对所讲授的内容做必要的取舍。我们以传统的生命周期方法学和面向对象方法学为主线,建立了课程内容体系,参考国内外先进的信息系统分析与设计理论和应用实例,对教学内容进行了必要的补充和删减;以培养学生在软件项目开发过程中的技能为目标,制作了内容丰富、联系项目开发实际的多媒体教学课件;建立了较为完善的软件工程典型项目案例库,为每一个案例提供了详细的分析说明;编写了供实践环节使用的《信息系统开发项目实践指导书》。

2.2 开展以学生为主体的案例式教学

在教学过程中,开展以学生为主体的案例式教学,克服了传统的"教师教、学生学"的模式。在课程的开始,将学生分为若干个项目小组,并为每个小组确定一个负责人,各个项目小组选定一个互不相同的项目,并明确所选项目的总体要求及考核标准。教师以一个完整的已在企业中运行的项目案例贯穿于整个理论教学过程中,学生则带着自己项目中的问题去理解、思考教师所讲授的内容。学生的作业主要体现为三个时期、八个阶段的项目的阶段性分析和设计文档,项目小组的成员在讨论、协作的基础上,每次均以小组的形式提交作业[1]。

2.3 建立"信息系统分析与设计"课程教学资源平台

该课程的教学辅助资料围绕"信息系统分析与设计"网络课程建设而展开,所建设的网络课程主要内容包括教学大纲、教学内容、电子教案、课程习题、模拟试题、多媒体课件、实验部分、课程评价反馈等。建立网络课程平台的目的是为了便于学生进行网上自学、讨论交流、作业提交、在线测试、教学效果评价等,充分发挥学生在学习过程中的主体作用。

3 项目型教学模式的组织

3.1 项目的选题

信息系统分析与设计项目的选题,应当遵循以下原则:

（1）应该与学生专业背景和学校特色相结合。

（2）应该具有一定的实际意义和价值，并与学生所接触到的社会实践相适应。

（3）应该具有一定的规模，学生在课程学习的规定时间内，通过努力能够完成。

（4）应该反映当前 IT 行业对计算机技能的需求趋势和主流市场需求。

（5）应该具有一定的完备性，有利于学生运用所学的信息系统分析与设计的知识和方法。

任课教师合力建立自己在软件企业已开发完成的项目的题库，并逐年更新。在课题的内容和形式上尽量多样化，内容尽量覆盖课程的主要知识点。也可准备一些不同难度级别的题目。另外，应该充分注意，并明确项目的规模、目标和范围，以确定项目的工作量和人员的岗位[2]。

3.2　项目的人员组织

项目规模要适中，一般 5 至 7 人为宜，最少不能少于 3 人，最多不要超过 8 人。每个项目设一名项目组组长。

教师在课程的开始阶段就应该确定好选题，一般在第一次课上布置，在学生自愿组合、班委会讨论确定和教师指导相结合的原则下确定每个项目的人员组织和岗位。人员的组织应该与项目规模相适应，做到每个人在项目中都有明确的岗位和任务，在可行性分析报告中以甘特图的形式表示出来，并且要求每个人都有比较饱和的工作量。

3.3　项目与教学的同步

（1）教学计划与项目计划相协调。教学计划的主体是教师，而项目计划则是学生通过项目学习和运用课程知识做出的计划安排，它的主体是学生。教学计划重在教，项目计划重在学，教与学要相互协调。在指导学生制订项目计划的时候，要与该课程的教学计划步调一致。教师在制订教学计划的同时，要充分考虑项目的运作特点，使得课堂教学能与项目所需衔接。

教师在课程的第一次课时应重点完成 7 项工作：

①以开发项目的实际范例向学生讲述软件开发——信息系统开发的演变过程。分别介绍单机 MIS 系统、多用户 MIS 系统、网络型 MIS 系统、客户/服务器（client/server）MIS 系统、浏览器/服务器（browser/server）MIS 系统、局域网与广域网 MIS 系统，使学生初步认识开发项目从单机的开发到多用户及在网上应用的全过程。

②向学生讲解教学计划，让学生了解该课程的主要内容与时间安排、项目实施分阶段的内容与时间安排。

③让学生在项目题库中选题，并详细讲解项目运作方式、规则以及考核方式。

④讲解每个项目的目标、范围以及相关要求，让学生大致了解项目要做什么，并提供项目任务书电子文档。

⑤学生可自定义项目，但其项目的要求同与给学生提供的项目题库中项目选题。

⑥声明项目人员的组织方式和原则，强调学生自愿，班委会讨论同意，老师可以根据具体情况进行指导调配。

⑦讲解如何编写项目计划，结合教学计划进行案例讲解。要求学生在第二个教学周内

完成项目计划的撰写。

（2）教学与项目的工作相结合。该课程的教学效果不理想，其中一个很重要的因素是教师教学和学生实践相脱离。项目型的教学模式就是要把这两者紧密地结合起来。教学和项目工作从四个方面相结合：

①教学内容要结合项目所需进行讲解，让学生从完成项目任务的角度主动去学。

②教师课堂的提问要与项目中的问题相配套。这样有两个好处：一是可以引导学生把在课堂上所学到的知识运用到项目工作中，二是可以帮助学生解决项目中遇到的难题。

③课后的作业应该与项目的工作产品相配套。项目的过程中需要产生若干工作产品，这些工作产品应作为学生的课后作业定期提交。这不但可以考查学生对教学内容的掌握程度，也可以了解目前项目的进展情况。例如《可行性分析报告》、《需求分析说明书》、《总体设计报告》与《详细设计报告》等都可作为课后作业定期提交。

④教学的主要阶段与项目里程碑一致。按软件工程三个时期、八个阶段分别设立里程碑[3]。在项目的里程碑处，项目组的人员应该向教师进行项目工作的汇报，并提交相应的文档。教师可以统一安排所有项目里程碑的评审会。评审会可以分为三个议程：首先是对项目的工作产品进行讲解，学生结合幻灯片讲解项目的进展、技术路线、完成的工作产品以及项目组每个成员工作任务的完成情况；然后进行项目工作产品的演示；最后进行评审答辩和讨论，教师和其他项目组的学生都可以针对评审的项目进行提问，项目组的所有人员都可以进行解答。这种答辩是一种较好的相互交流和学习方法。

4 制定符合项目型教学模式的课程考核体系

传统的考核方法不能在教学的过程中把握学生的学习效果，不能充分调动学生学习的主动性和提高学生的学习兴趣。课程的考核应该和课程的教学特点相适应，并与项目完成相结合。因此，我们制定了分阶段、互评定的二次考核体系。

4.1 课程考核的组成

课程考核由三部分组成：理论考核占 50%，项目考核占 40%，平时考核占 10%。

4.2 项目考核的对象[4]

（1）项目文档。项目文档分为产品文档、管理文档、过程文档和技术资料四种：①产品文档是在项目开发过程中各种特定阶段的工作产品的文档，主要包括可行性研究报告、需求分析说明书、概要设计和详细设计、测试方案和测试用例、系统安装文档、用户操作手册与项目总结报告等。②管理文档是在项目开发过程中配合项目管理而产生的文档，例如项目计划书、项目工作报告、项目组制定的相关的规章和规范等。③过程文档主要是指在项目开发过程中产生的文档，例如项目文档、变更文档、会议纪要以及度量文档等。④技术资料包括项目中用到的技术规范、参考文献以及项目的培训资料等。

对项目文档的要求是文档齐全、规范、充实并且与项目过程和工作产品相一致。

（2）项目产品。项目产品作为项目的工作成果，主要是项目开发出来的软件系统。项目的工作产品包括工作产品的开发环境和工具、源代码、可运行系统，还包括所用到的中间件和第三方组件产品以及用到的图片、文档和多媒体资源等。对项目工作产品的考核不但包括产品的实现功能和效果，还包括技术的运用程度、设计和实现方法，以及技术和方法的创新。

（3）项目过程。项目的过程包括项目的计划安排、人员组织、任务分配、进度跟踪、检查和评审等项目中的一系列活动。通过教师课堂的提问、项目的汇报和交流以及项目的检查评审来掌握和考核项目过程的情况，并通过项目度量表对项目过程进行量化，将量化的项目过程数据作为考核的指标[5]。

4.3　教学考核与项目验收相结合

有一些信息系统开发与设计的课程考核仍采用传统考试方式，这其实就是一种应试教育方式，如果我们的教师仍旧采用这种应试教育方式，就难以期望素质教育能够真正得以实施。项目型教学模式就是要改变这种应试教育的考核方式，把教学考核与项目结合起来，重点考查学生在项目中所担任任务的完成情况、工作量与工作质量。为此，课程结束后，需要对学生所做项目进行验收。项目验收主要从以下方面进行：

（1）项目的产品验收。要从产品实现的功能、完成质量等方面进行验收。这考查的是整个项目团队的工作成绩。

（2）项目的技术验收。主要对项目中所采用的技术以及技术的应用情况进行考评，确定学生对所学知识的掌握程度和运用能力。这是对团队和个人的考查。

（3）项目的度量验收。项目的度量包括项目的工作量、文档量、代码量讨论交流次数、项目的社会调研和实践时间等方面的数据。项目度量的数据用来对项目组成员的工作进行考查。

为了保证项目真实可靠，项目组之间错开验收。首先，由组长综合介绍项目的概况和实现过程，重点介绍目标系统的特点及目前运行状况，然后，组内成员按照系统运行流程所需的各种数据的先后顺序，人人上讲台演示自己所担任的岗位和所实现的功能，按需求分析说明书上规定的功能逐项验证，其中包括容错能力及出错处理等重要环节。项目组成员可对别的项目组的产品、文档和项目过程的度量进行检查和测试，找出其中的缺陷和不相符、不一致的地方以及可以进行改进和提高之处。对别的项目的验收结果也是一项考核依据。

4.4　最终成绩评定

通过项目对象的考核、项目的验收来获得项目的各种考核数据，加上项目过程中的考查数据，再配合课程考试成绩，按照一定权值和比例可以计算出一个学生的课程成绩。

（1）项目成绩的评定包括小组成绩和个人成绩两部分，各占 50%。小组成绩为小组中所有成员的第一次考核成绩，个人成绩为小组成员的第二次考核成绩。

（2）小组成绩由各个小组阶段成绩的平均值与完成的项目的最终验收的情况（包括系统是否达到需求规格说明中的功能性、非功能性要求，文档是否全面、合理、规范等）组成。小组的阶段性成绩由教师和该项目组之外的其他项目组共同评定。

（3）个人成绩由教师根据小组每个成员的答辩成绩组成，答辩的内容为小组成员在项目开发中所完成的任务，同时还参考小组自己拟定并交给任课老师的每个人在小组中的工作量及成绩分数。其中,评定项目负责人个人成绩时,还应考查其项目开发的组织、管理能力。

考核结果表明,我们采用的考核方法提高了学生按照软件工程的原理、方法、技术、标准和规范进行软件开发的综合能力和软件项目的管理能力,特别在基础技能、团队协作、人际交流、项目规划几个方面明显具备较强的能力。

5 结束语

"信息系统分析与设计"课程的项目型教学模式改革主要体现在以下三个方面:在理论教学方面,以学生为主体的教学模式,表现为以分组形式的案例教学过程;在项目组织方面,通过小组内成员分工协作的方式,完成小组所选定的项目;在课程考核方面,制定了符合教学特点的课程考核体系。在整个教学过程中,学生始终处于主导地位,是学习的主体,教师处于指导和评价学生阶段性学习效果的地位。

通过该门课程的理论教学改革,学生普遍反映能够较好地理解、掌握信息系统开发中软件工程项目的开发理论和方法。和单纯的理论教学相比,改革后的教学方式更容易让人接受,学习的主动性得到了提高。从学生反馈的结果来看,对该门课程的教学模式进行改革,使学生经历了软件开发的全过程,锻炼和培养了学生的系统分析能力、设计能力、编程能力、测试和维护能力、团队协作能力和文档书写能力,全面地提高了学生的综合素质。

信息系统开发项目型教学模式已在浙江财经大学信息管理与信息系统专业教学中进行了全面实施,通过近几年的努力,学生的综合素质明显增强,就业情况普遍较好。企业认为,我校所采取的项目型实践培养机制适应业界的需求,培养的学生在基础技能、团队协作、资料收集、人际交流、项目规划等几个方面明显具备较强的能力,更加适合在现代软件企业中发展。学生认为,学了四年的课程,是信息系统分析与设计课程将所学的基础知识与专业课程有机地结合起来,教会了学生如何设计、开发一个项目系统,使之能够很快地适应新的教学体系和项目型教学模型的教学内容;通过项目型实践教学,自己的理论应用能力有了很大提高,所学知识在企业实习及实际工作中能够真正找到用武之地,从而在就业等方面具备更强的竞争力。

参考文献

[1] 王晓敏,邝孔武.信息系统分析与设计.北京:清华大学出版社,2013:8.

[2] 阳王东,祝青,邓艳智.《软件工程》项目型教学模式的探索.计算机时代,2008(4).

[3] 张海藩.软件工程导论.北京:清华大学出版社,2013:8.

[4] 计算机软件工程规范国家标准汇编 2011.北京:中国质检出版社,中国标准出版社,2011:8.

[5] 殷人昆.实用软件工程.北京:清华大学出版社,2013:11.

基于任务驱动的程序设计课程翻转课堂教学模式研究

夏一行　张　桦　韩建平

杭州电子科技大学计算机学院，浙江杭州，310018

摘　要：互联网的普及和计算机技术在教育领域的应用，使翻转课堂（Flipped Classroom）教学模式变得可行和现实。本文将翻转课堂教学模式应用于高校程序设计课程上，以任务为驱动，设计课前、课堂和课后 3 个环节，真正实现"以学生为中心"的教育理念。应用实践证明，这种教学模式能更好地培养学生自主学习、团队协作和动手实践的能力，对优化教学结构、提高教学效果有重大意义。

关键词：翻转课堂；任务驱动；程序设计课程

1　引　言

翻转课堂与传统的教学模式不同，重新调整了课堂内外的时间。传统教学中，教师占用课堂时间进行讲授式教学，学生课后再进行知识消化巩固。而翻转课堂要求学生在课前利用课外时间观看教师提供的视频、教材、网络资料等资源，先进行自主学习；教师利用课堂时间组织学生进行问题讨论和实践，帮助其知识内化[1]。

翻转课堂教学模式一开始产生于美国的一些中小学，有助于教师针对学生的个性化需求进行知识传授[2]。近年来随着互联网技术的推进，基于网络的大规模开放在线课程（MOOCs）发展迅速，从国外的 MOOCs 三大平台 Coursera、Udacity 和 edX，到国内的爱学习、学堂在线、网易云课堂等。这些 MOOCs 课程为翻转课堂教学模式的实施提供了良好的技术支持[3]。

同时国内各大高校越来越重视学生学习能力的培养，翻转课堂教学模式可以培养学生自主学习的积极性，锻炼学生提出问题、解决问题的能力，并有助于为不同程度的学生制定更合理的学习计划[4]。

翻转课堂充分体现了"以学生为中心"，是对传统课堂教学结构的颠覆，教师角色、课程模式、管理模式等方面都产生了转变。笔者近两年在程序设计课程中采用翻转课堂教学模式，不断进行探索和调整，取得了良好的教学效果。本文将对翻转课堂在程序设计课程中的设计应用进行研究和探讨。

夏一行　E-mail：yixingx@hdu.edu.cn

2 基于任务驱动的翻转课堂教学模式设计

2.1 程序设计课程特点

程序设计课程要求学生在掌握程序设计语言词法、语法和结构的基础上，能够编写程序解决问题。一门程序设计语言包含了从基本词法、语法、结构到算法多个知识点，而由于高校课程课时的局限性，传统教学模式往往把有限的课堂时间用于各个知识点的讲授，而弱化了学生实际编程能力的培养。

同时，在课程学习中学生花费大量的时间和精力去消化教师在课堂上讲解的各个知识点，疲于完成教师布置的实践练习，而忽略了程序设计本身的乐趣，丧失了对这门课程的学习兴趣。

要学好这门课程，就要想办法减轻学生消化知识点的压力，并有效利用课堂时间，在教师的帮助下加快知识点的内化，逐渐体会到程序设计带来的新奇感和成就感，从而提高课程的学习效率。

2.2 基于任务驱动的教学模式设计

利用翻转课堂，对传统教学环节中的各个步骤进行调整，以任务为驱动，最大可能性地提高学生学习的积极性。本文所设计的翻转课堂教学模式可以分为3个阶段：课前、课堂和课后，教师在每个阶段都必须设计合理的任务，以驱动学生学习，达到知识内化、加强实践能力培养的效果。课前教师提供相应的学习资源供学生进行知识点的学习；课堂上教师针对学生的疑问进行讨论互动，达到知识点的进一步内化；课后通过实践练习对知识点进行加深巩固。该教学模式设计如图1所示。

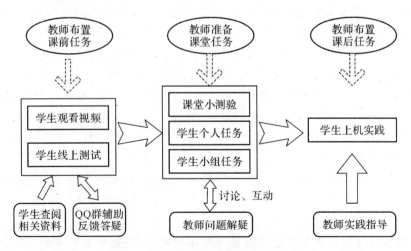

图1　基于任务驱动的翻转课堂模式

2.3 课前教学环节设计

课前，教师应先根据教学内容划分各个知识点，制作相关的视频和课件等学习资源，并根据教学大纲给学生布置每周课前学习任务。学习任务包括线上视频的观看、相应视频知识点的简单应用、相应视频知识点的线上测试等。课前任务的设计要能引起学生的兴趣，尽量减少学生的自学压力。首先，视频资源要设计得生动、富有吸引力，每个知识点的讲解要简洁、合理紧凑，具有层次感，能引导学生产生探究的欲望。其次，学生每周观看的视频数量不宜太多，一般一周 3～4 个知识点视频。由于高校一般一周安排一次课堂教学，可以在课前将视频逐个上线，比如学生是周五课堂上课，那周一至周四可以每天上线 1～2 个视频。这样避免学生由于长时间观看而产生疲倦感，丧失了学习的兴趣和动力。另外，教师在布置视频观看任务前，先做简单引导，并抛出 1～2 个简单应用问题，让学生带着问题去观看视频。最后，每个视频知识点讲解过程中或结束后，设计若干个相关问题，供学生进行测试，以检验视频观看的效果，可以让学生产生成就感。

另外在课前任务实施过程中，教师应通过线上平台或班级 QQ 群等形式，供学生提出问题，并组织学生进行课前网上讨论，使大部分学生的问题得到初步解疑。

2.4 课堂教学环节设计

虽然翻转课堂颠覆了传统课堂的教学次序，但教师在课堂环节的设计对学生是否能有效掌握知识起到了关键作用。

首先，教师要根据布置的课前任务，结合学生课前反映的问题，设计课堂互动讨论的问题。大部分学生通过课前观看视频能掌握知识点的 50％～60％，还有一部分内容未完全理解和消化，教师要利用课堂时间来解决学生学习知识点过程中碰到的疑问，并能把相关知识点融合，以提高学生的综合能力。

其次，课堂任务可以由多种形式混合进行。①课堂测验：在课堂前 5～10 分钟安排小测验，测验形式可以是判断题或选择题，题目紧扣本周视频内容，目的是检验学生观看视频的效果。②个人任务：问题设计的难度要相当，可以让学生抢答和指定学生回答。针对知识点的基本问题比较简单，可以让学生抢答，活跃课堂气氛；知识点融合的问题，需要学生进一步思考，可以根据情况指定学生回答，并且由教师完善讲解，弥补学生自身理解的一些缺陷。③小组任务：全班同学都有固定的分组，并设有组长，课堂上各小组的座位要有利于团队讨论。小组任务一般都是综合性较强的问题，由小组集体出谋划策，在规定时间内共同提交一份答案，培养学生的团队协作能力。期间，教师考察各组实施任务的情况，可以提示，以提高小组讨论的效果。规定时间结束后，每组提交任务完成结果，每组随机抽取组员进行汇报，组间可以进行相互点评，最后由教师进行补充评价。对大部分学生共同提出的问题，有针对性地进行解答。

个人任务和小组任务可以交叉进行，问题由易到难，先调动学生参与互动讨论的积极性，让更多的同学参与课堂活动，当大部分同学发现通过课前学习已经得到正确答案时，可以激发他们的主动性和进取心。

当然，教师对课堂任务的完成情况要有相应的奖励机制，比如正确回答问题可以得到积分，作为平时分的重要参考依据。

2.5 课后教学环节设计

通过以上两个阶段的学习，大部分同学能掌握 80％～90％ 的知识内容，课后还需要巩固知识点。

程序设计课程学习的关键是要应用所学知识点进行写代码编程实践。所以每周课后，教师要布置相应的上机实践任务，每周 3～4 个编程题。问题设计要考虑知识点和综合性，可以是课堂讨论问题的延伸和扩展。

每周集中安排学生上机实践任务，要求学生在规定时间内完成，个人独立完成，教师可以进行指导。

3 基于任务驱动的程序设计课程翻转课堂应用

笔者按照上述翻转课堂教学模式，在所承担的 C 语言程序设计课程上进行了应用，取得了良好的效果。

笔者教学团队针对程序设计课程，每章梳理出若干个知识点，每个知识点制作一个 5 分钟左右的视频，控制在学生的注意力比较集中的时间范围内，并且每个视频有较强的针对性，便于学生查找回顾。

视频资源公布在"玩课网"（http://www.wanke001.com/）平台上，平台还为教师提供工作台，可以设置课程各个视频上线的时间，以控制学生观看学习的进度，如图 2 所示。

图 2　知识点视频上线设置

教师还可以统计学生观看视频的情况，如图 3 所示。

姓名	学号	专业	学习进度	提问个数	回答问题个数	笔记个数	是否评论	学习明细
朱星跃	13036839	软件工程	100%	0	0	0	否	查看
于子涵	14081107	通信工程	100%	0	4	0	否	查看
谢扬	14081106	通信工程	100%	0	5	0	否	查看
黄伟	14081121	通信工程	100%	0	29	0	否	查看
齐升	14081127	通信工程	100%	0	1	0	否	查看
赵佳成	14081137	通信工程	100%	0	23	0	否	查看
宋家琦	14081129	通信工程	100%	1	53	5	是	查看

图 3　视频观看情况统计

教师在课堂上布置下周的课前任务,包括视频观看和简单任务。课前学习过程中,班级 QQ 群供学生进行问题反馈答疑,使一些简单问题得到及时解决,复杂问题经过解答如果还不能解惑的,转化作为课堂讨论的任务。

课堂上,前 5~10 分钟学生完成小测验,测验都是客观题,利用本校开发的在线评判系统(http://acm.hdu.edu.cn/)的练习模块,当场评判结果,考核学生课前学习的效果。

教师将课前学习过程中的反馈问题整合成新问题,用于课堂的互动环节。互动环节以学生讨论互评为主,教师辅助补充。程序设计课程强调的是动手写代码,个人任务实施时,可以找 1~2 个同学在黑板上解答,其他同学在练习本上解答,最后针对代码的可行性、优缺点等进行互评。小组任务实施过程中,组员之间要有序协作,分工明确,每个人都参与,顺利完成主导讨论、细节斟酌和代码书写。实际课堂环节中,学生经常有出其不意的新点子,这使得课堂上不再是教师单一地灌输知识。

每周课后,安排一次实践操作,还是在在线评判系统上(http://acm.hdu.edu.cn/)设置练习,紧扣本周的知识点,最好跟学生实际生活密切结合。比如学习了一维数组后,可以让学生统计本班的课程平均分以及达到平均分的人数;学完排序算法以后,上述问题还可以继续延伸,将全班同学的成绩进行降序排列等。这样可以培养学生的实际应用能力,营造利用编程解决问题的成就感。

通过一学期的翻转课堂实施,我们发现学生能完全适应这种有别于以往传统课堂的教学模式,学生不再是被动地接受知识,主动学习的能力得到锻炼;教师不再局限于教学大纲内容的传授,能更好地发现不同学生的个性化情况,课堂内外师生交流时间大幅度增加。学生的自学能力和编程能力都得到了较好的锻炼,最终的考核也说明教学效果得到了很大的改善。

4 结束语

翻转课堂教学模式是对传统教学的改革,不仅仅是形式上的改变,更是一种学习观念的改变,是培养学生高级学习能力的必要手段。目前,高校教育资源为翻转课堂的推进提供了良好的支撑条件,教师应该根据不同课程特点设计全新的教学思维和模式,更好地贯彻高校学生个性化自主学习的教育理念。

参考文献

[1] 姜艳玲,国荣,付婷婷.翻转课堂与慕课融合促进教学资源均衡研究.中国电化教育,2015(4):109-113.
[2] 齐军.美国"翻转课堂"的兴起、发展、模块设计及对我国的启示.比较教育研究,2015(1):21-27.
[3] 杨玉芹.启发性挫败的设计研究——翻转课堂的实施策略.中国电化教育,2014(11):111-115.
[4] 李云晖,王君.高等教育信息化趋势下翻转课堂学习模式设计分析.黑龙江高教研究,2015(4):166-169.

办公自动化软件课程的 MOOC 教学模式探索

杨　冰　　郭艳华　　姚金良

杭州电子科技大学计算机学院，浙江杭州，310018

摘　要：随着 MOOC 作为一种新型教育模式的普及，传统的课堂教学模式已经不适应高等教育的发展。针对办公自动化软件课程，将 MOOC 与传统教学结合起来，形成翻转课堂，激发学生的主动性，提高教学质量。

关键词：MOOC；教学模式

1　引　言

MOOC(Massive Open Online Course，大规模在线开放课程)，作为一种新型的教育模式，自从 2012 年提出之后，接受度越来越高。而在高校中，也越来越多地作为课堂教学的辅助授课方式被普遍采用。MOOC 课程的主要特点就是"Massive"、"Open"、"Online"，即"大规模"、"开放"、"在线"。大规模体现在参与学习的人数上，一门 MOOC 课程的受众学生可以达到上万甚至十万人；开放是指对所有人开放，只要有兴趣的学习者均可选择学习该门课程；在线，只要具备上网条件既可。

2　办公自动化软件课程中存在的问题

随着高校计算机基础课程多年的发展，计算机技术在各行各业中都具有举足轻重的意义。办公自动化软件课程，主要面向法律、出版、会计等文科专业开设。作为计算机公共课程，将计算机技术应用到办公领域可以实现办公自动化，成倍地提高工作效率。Office 2010 系列软件在文字处理、电子表格、演示文稿、邮件与事务日程管理、文档安全与宏等方面具有强大的功能，能够满足人们日常办公事务的需要。

随着 Office 软件的不断更新，技术的不断发展变化，在教学的过程中，一些问题逐渐凸显：

(1)教学内容知识点烦琐，学生容易混淆。Office 软件的快速发展，使得教学内容越来越丰富。办公自动化软件课程囊括了 Word、Excel、PowerPoint、OutLook 等软件的使用方法和技巧，教师不可能在有限的课时内把所有的知识点都一一讲授。同时，仅仅采用理论授课的形式，学生极易混淆知识点。作为计算机类的公共课程，教学内容在各授课班中保持一致，教师一直在进行重复性授课，造成了教学资源的严重浪费。

(2)理论授课枯燥乏味，实践能力无法提升。相较于其他专业课程来说，计算机基础课

杨　冰　E-mail：yb@hdu.edu.cn

程教学中的实践环节更为重要。办公自动化软件课程,教学目的是希望提升学生对 Office 软件的操作能力的。由于教学知识点多,仅仅依靠大量的理论授课,而缺乏足够的实践,很难从根本上使学生理解和掌握教学内容,学生的实践应用能力也无法得到真正的提升。

(3)学生学习缺乏主观能动性。传统的教学模式缺乏对学生自主学习的引导,学生学习的主动性差,只能被动消极地接受知识。传统的课堂授课模式对于提高学生的分析能力、逻辑思维能力及接受知识的能力有着不可替代的作用。但是,对于办公自动化软件课程来说,理论授课时,在知识点琐碎的情况下,学生很难保证一直跟随教师的思路,及至操作实践的时候,学生则存在种种疑问。课堂教学时间的不足,使得学生如何利用课外时间进行有效的学习成为一个亟须探索解决的问题。

由以上分析可以看出,针对办公自动化软件课程,需要对教学模式展开新的探索,提高教学质量。

3　MOOC 教学模式

将 MOOC 模式与传统课堂教学模式相结合,建设 MOOC 翻转课堂,是我们探索的一种新的教学模式。办公自动化软件课程,强调以实践操作为主。因此,在具体的课程设置上,结合 MOOC 课程,课程全程都在机房授课。课堂教学前,学生需要完成 MOOC 线上知识点视频自学、闯关测试、阶段性考试、提问和回答、提交课前课后作业等环节。课堂教学中,教师则将知识点归纳在案例中讲授,同时针对学生在 MOOC 中提出的问题或者测验中反映出的问题进行讲解。课堂教学后,学生需要完成相对应的作业。

整个教学模式为:将有限的课堂时间和空间延展到课外,学生拥有更多自主选择学习的机会与时间点,配合教师课堂知识点概述、问答互动、交流和答疑等环节,能够较好地解决学生知识掌握参差不齐和学时少、知识点多的矛盾。

与传统教学相比,MOOC 教学具有以下几个重要的特点:

(1)学习内容以知识点为主。与网络公开课的视频有所不同,在制作 MOOC 教学视频时,应充分考虑学生的兴趣保持时间,MOOC 学习内容主要以知识点为主制作视频,时间长度一般不超过10分钟。这种方式能够显著减少学生转移注意力的现象,更好地提高教学质量,更大化地提高学生学习的效果。如果个别知识点掌握得不充分,学生可以反复进行学习,避免掉课堂教学中知识点遗漏而无法弥补的问题。

(2)增强教学的互动性与针对性。在学生学习完 MOOC 视频中的知识点之后,需要完成章节测试以检验该部分知识内容的掌握程度。教师可以实时的回答学生在平台上提出的问题,同时也可以有针对性地在课堂上针对章节测试中反映出的疑难点进行分析与梳理。教学的互动性与针对性得到了较大的增强,也可以提高学生分析问题解决问题的能力。

（3）多种学习情况的反馈与评价。传统的课堂教学中，对于学生学习掌握情况，反馈手段极其有限。加入了 MOOC 学习方式之后，MOOC 平台会记录学生观看视频的次数以及回答预设问题的正确率，而且会将每个学生的所有数据保存起来并随时更新和自动跟踪记录的变化和打分。另外，MOOC 平台能够根据每个学生的答题测试情况，向每个学生提供自助学习的指导性意见，即提醒学生应该着重观看哪些主题的知识点视频。此外，平台还通过课堂测验、课前作业及课后作业等形式来反馈学生的学习情况。再辅以课堂中的提问及随堂作业，教师可以充分地掌握学生的学习情况，有的放矢地对教学内容进行调整。

（4）实践能力的提升。为了确保学生能真正掌握 MOOC 中要求的基本操作技能，我们设计了海量题库，每次系统平台自动抽题，尽量确保学生每次测试的题目重复率低。在理论授课时，采用案例与理论结合的形式对知识点进行讲解，同时设计合适的实践型随堂作业加深学生对于知识的理解与掌握。MOOC 题库与随堂操作作业并行，最大化地保证学生完成所有知识点的实际应用，提升学生的实践能力。

总地来说，将 MOOC 教学与传统课堂教学相结合，一方面，能够为学生提供时间与空间上无局限的学习方式，学生可以利用 MOOC 进行多元化的学习；另一方面，教师可以采用 MOOC 形成翻转课堂，对课堂授课进行强化和补充，提高学生上课的活跃度及主动性。在我们本学期的授课过程中，MOOC 教学模式确实提高了学生的积极性与主动性，教学效果得到了提升。

4 结束语

MOOC 近年来在教育行业蓬勃发展，与传统课堂教学结合，从教学内容、教学目的、教学方法等方面来看，都为计算机基础课程提供了一种全新的方式方法。面向多元化个性化的学生群体，MOOC 教学模式已成为现代有效的学习平台。在办公自动化软件课程中，引入 MOOC 教学，能够更好地归纳各知识点，提高学生对于知识点的掌握，同时也能够提升学生的实践操作能力，达到计算机基础教学的目标。

参考文献

[1] 黄百钢,王忠. MOOC 与计算机基础教学改革.计算机工程与科学,2014,36(A2):182-185.

[2] 康叶钦.在线教育的"后 MOOC 时代"——SPOC 解析.清华大学教育研究,2014,35(1):85-93.

[3] 王文礼. MOOC 的发展及其对高等教育的影响.教学研究,2013(2):53-57.

[4] 胡洁婷. MOOC 环境下微课程设计研究:以"计算思维"微课程为例.上海师范大学,2013:4.

[5] 陈国良.计算思维与大学计算机基础教育.中国大学教学,2011(1):7-11.

基于项目驱动的"网络编程"教学模式

郑秋华　张　祯　姜　明　徐　明

杭州电子科技大学计算机学院，浙江杭州，310018

摘　要：针对"网络编程"课程教学过程中出现的问题，本文提出了一种基于项目驱动的"网络编程"教学模式，提出建立项目驱动、教练式的教学模式，同时通过细化知识点划分，设计和建立模块单元训练项目，并建立完善项目答辩考核制度，实现学生期末大作业的公开验收和答辩，收获高质量的验收报告文档。通过 3 个教学班的改革实践，发现新教学模式比原有教学方法更能让学生得到充分的动手锻炼，提高他们的网络编程能力。

关键词：网络编程；项目驱动；教练式授学

1 引　言

随着计算机技术和通信网络技术的迅速发展，社会对网络人才的需求十分强烈，网络编程在程序设计开发领域变得越来越重要。"网络编程"课程已成为计算机专业人才培养过程中的关键课程之一[1]。

目前，杭州电子科技大学计算机学院在计算机科学技术、网络工程和物联网工程三个专业开设了"网络编程"课程。它是计算机类专业的重要的专业课程，每学年本课程的选课学生达 200 多人。课程主要讲述基于 C 和 C++利用 socket API 实现网络客户端和网络服务器编程，着重于底层 socket 接口的关键细节讲解和各种模型的服务器设计和实现。我校网络编程课程组的教师个人能力较强、理论基础扎实、知识面广、项目实践经验丰富，具有大型服务器程序开发经历。在教学过程中，任课教师对课程的内容和知识点讲授相对比较到位，课堂内容设计也较符合社会实际要求，学生在学习过程中可更深入地理解网络理论，熟悉各种网络编程技术，提高实践动手能力。

但是，在"网络编程"教学实践过程中，课程组也发现了许多问题：

（1）缺乏合适的教材。

（2）课程内容覆盖面太广。

（3）老师讲得多，学生动手少。很多学生基础较弱，对课程有畏惧心。

（4）课程项目存在抄袭现象。

郑秋华　E-mail：zheng_qiuhua@163.com

2 项目驱动的网络编程教学方式

鉴于目前网络编程课程存在的上述问题,我们提出对网络课程教学模式进行改革。解决目前教学过程中"老师讲得多,学生做得少"的状况,建立一种以项目驱动为主的新教学方式。具体改革内容有:

(1)建立项目驱动、教练式的教学模式。

(2)细化知识点划分,设计和建立模块单元训练项目。

(3)项目答辩考核制度的建立和完善。

(4)撰写适合教学的网络编程教材。

2.1 项目驱动的网络编程教学方案

针对上述改革内容,网络编程课程组制定了具体了教学方案,如图 1 所示。

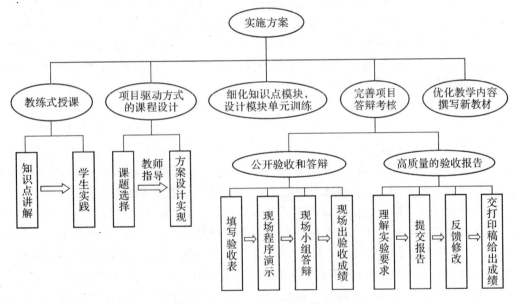

图 1 项目驱动的网络编程教学方案

2.2 网络编程教学方案的主要内容

(1)建立教练式授课方式。教授式授课方式是指以教师课堂讲授为主的教学方式,其主要特点是课堂教学以教师为主要角色,教师在课堂对相关知识点进行详细讲述。而教练式授课方式则是指课堂教学对象是学生随后的动手实践,教师在课堂上的主要任务是知识点要领讲解和对学生的错误进行纠正。教授式教学方式适合在普通教室进行,而教练式教学方式则一般要求在专业实验室进行,这样老师在讲解知识点后,学生可以立即进行实践[1,2]。

(2)实施项目驱动方式的课程设计。项目驱动课程教学法,是指学生在学习过程中,首先选择适合自己的综合设计项目课题,然后以项目组为单位,在教师的指导下,设计项目的总体方案和细节,并最终实现。在网络编程教学过程中,授课开始几次后,就下发项目选题表,供全体学生选择,同时也可鼓励学生自己申请项目。

综合设计的项目课题可以由教师提供,也可以选择企业具体项目的部分模块,或者由学生自己设计。项目课题要多一些,这样学生的选择余地会大一些。同时,由于学生基础不同,因此不同项目要有不同难度,这样学生可以根据自己的能力,选择适合自己的课题,使学生一方面能通过项目锻炼自己的能力,另一方面又不至于因为过难而丧失学习信心和学习动力。

此外,为了让学生能更快地适应项目驱动式教学方式。课程提供了一个 step by step 的网络聊天室项目设计和实现示例。

(3)细化网络编程知识点模块,设计模块单元训练项目。网络编程课程知识点较多,按协议层次可以划分为 IP 层的编程、TCP/UDP 层编程、应用层的编程;按面向客户可以分为客户端编程和服务器编程;按应用领域可以分为网络安全类编程、网络信息查询类编程、网络文件传输类编程、网络通信类编程等。课程组将根据教学大纲细化网络编程知识点模块,总体思路是按照教学进程和实现难度,按照由易到难的方式进行划分,并对应设计模块单元的训练模块。在 Winsock 基本函数学习阶段,进行本地信息查询编程训练、活动主机发现和服务扫描等编程训练,而在简单客户服务器学习阶段,进行 IP 地址查询、天气预报查询、星座查询等项目,在不同 IO 模型的服务器设计阶段,可进行代理服务器的设计和实现、类 QQ 服务器的实现和 FTP 服务器的设计和实现等。

(4)建立完善的项目答辩考核制度。完善的项目答辩考核制度是教练式授课方式和项目驱动方式实施效果的保证。与其他一般的编程类课程相比,网络编程课程的考核方式是没有卷面考试的,考核完全体现在项目验收、设计报告和平时实践表现 3 个方面。平时成绩虽然有一定体现,但分值不高,主要是对迟到、旷课和早退的现象的一种劝告,更多地表现为过程管理的一种方式。在我们的教学过程中,我们将项目答辩考核制度分为了两部分:

①公开验收和答辩。以往的验收方式是按组闭门验收,将其他组拒之门外,使小组之间相互不知道答辩情况。这主要是因为项目设计课题较少,不少学生做的是相同的课题。但是,从培养学生动手能力角度来看,这不可取。更好的方式是,在每组学生答辩验收时,鼓励学生在周围观看和旁听,这样一方面使学生知道其他人程序的优势和劣势,取人之长,补己之短;另一方面,当项目不同时,可以让学生了解其他学生完成的项目技术,这相当于有机会多学习另外一种网络编程方法和技术。

②高质量的报告验收。为了控制报告的写作质量,应该掌握一条原则:规范和技术的结合[3]。按照项目管理方法,每个小组共同完成一份报告。

3 结束语

目前,我们已在 2011 级网络工程、2011 级物联网工程和 2012 级网络工程 3 个教学班按照上述方案进行了教学改革实践,其中 2011 级网络工程和 2012 网络工程班教学课时数为 48(36 教学+12 上机),2011 级物联网工程班教学课时数为 48(27 教学+21 上机),上述 3 个班的教学总体效果比以前好许多,学生得到了更充分的动手锻炼,但在实践过程中也发现一个重要问题,即课程安排的总体课时偏少,特别上机课时较少时,学生得到的锻炼和提高的水平并不是很好。在上述 3 个教学班中,2011 级物联网工程班表现最好,其中等水平学生达到了其他两个班的良好水平,主要原因是其上机课时较多(特别是 2011 级物联网工程班中同时选修了"网络编程实践课"的同学)。因此,在以后的教学改革过程中,我们将对课程总体课时和课时分配进行实践,以达到更好的教学效果。

参考文献

[1] 吴博."任务驱动教学法"在"网络编程"课程教学中的应用.中国大学教学,2010(7).

[2] 刘伟.任务驱动在 PHP 网络编程教学中的实践与应用.湘潮月刊,2010(11).

[3] 张晓明,杜天苍,秦彩云.计算机网络编程课程的教学改革与实践.实验技术与管理,2010,27(2):4-7.

A Design of MOOC in Bilingual Teaching: A Group Learning Approach

Ye Zhan[1]   Sheng Liu[2]

[1]Zhejiang University of Finance & Economics, 18 Xueyuan Rd,
Xiasha Higher Education Park, Hangzhou, China 310018

[2]Zhejiang University of Technology, 288 LiuHe Road, Hangzhou, China 310014

Abstract: With the massive open online courses (MOOCs) that captured the attention of many higher education institutes around the world, it is evident that MOOCs can help make education more accessible, and enable experiment with the pedagogy of teaching online courses to a large number of diverse students. However, the learning process of MOOC may lead to isolated study patterns which is primarily based on face-to-machine activities. This paper proposes a design of college bilingual course by using MOOC pedagogy while also incorporating a group learning approach.

Keywords: massive open online courses; bilingual teaching; group learning

1　The rise of MOOC

Over the past few years, the practices of massive open online courses (MOOCs) in higher education have gained rapid recognition and fast increasing popularity with educational providers and users. The term MOOC, initiated by George Siemens and Stephen Downes in 2008, represents open access, global, free, video-based instructional content, videos, problem sets and forums released through an online platform to high volume participants aiming to take a course or to be educated[1]. However, there is an ongoing debate about the educational value of MOOCs[2]. One challenge that both instructors and students facing is the isolation of learning process; in other words, the process of new knowledge disseminate become very personal and self-regulated and lack of interaction among instructors and learners. Furthermore, the massive open online courses available online do not fit in curriculums offered by institutes and universities, rather, they are merely supplements to existing course system.

Ye Zhan　E-mail: 1265160686@qq.com

2 Design of MOOC

This course uses official textbooks and lecture series designed and developed by CPA Canada. We propose a design of MOOCs in bilingual teaching, aiming to produce well-rounded management accountants that are ready to contribute positively to the industry and society at large.

One major challenge we face in this course is how to promote students' long-lasting learning interests. Unlike other non-bilingual accounting courses, students easily encounter frustrations with complex learning requirements, tight work schedule and variety of language problems, thus quickly loose initial enthusiasm. Figure 1 shows a very violate and diversified students' performance throughout the courses in the traditional teaching way. MOOCs with incorporated group learning component is used to boost students interest as well as facilitate cooperative team spirits.

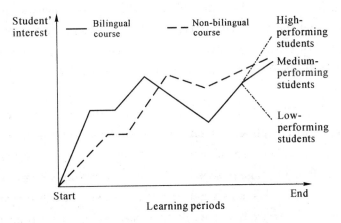

Fig. 1 Students' performance in traditional bilingual courses

3 Group learning in MOOC

Group learning stresses the benefits of group work in general and arguably becomes the missing part in MOOC scenario. Although there has been a fair amount of research on advantages that MOOC could offer, such as flexibility and accessibility, researchers also found that MOOCs may reduce interaction between learners and instructors. As the learning process becomes more cyber-based and self-directed, it would become isolated segment and lack of interrelation with other subjects[3]. It is evident that group learning in MOOC environment could add more values. By adopting a group learning approach, students will learn from peers within group work more easily than from the tutor. As they have to use their own words and explanations to make sense of module material or a specific task, lifelong learning will be promoted, capabilities of teamwork and interpersonal skills will be enhanced, innovative and cost-effective teaching methods will be encouraged[4]. Yet, it is less explored by researches with the question of how to incorporate the group learning approach in the MOOC context. Therefore, a proper design which facilitate group earning activities in MOOC becomes an important research agenda.

4 MOOC Delivery

This bilingual MOOC course is designed to accommodate 50 to 60 on-campus students, and also is open for other online students from China and other countries. Initially, the MOOC structure is applied on an managerial accounting course to test results and gradually extend to other courses. Unlike a typical MOOC course that is paced within 8 weeks, this course will be structured for one whole semester (normally over 16 weeks of learning session). Each week consists of 2 to 5 lecture videos, most of them will be 10 minutes in length, with integrated quiz questions or open-ended questions which highlight key constructs of the course. Online students would start each week's lesson by watching the video lectures, read the assigned material such as textbook and articles, participate in online discussions with other learners, and complete the quizzes, assignments, or tests on the course material. Students could view and pause the video lectures at their own pace to take notes.

As shown in Figure 2, a key course component is the group project that on-campus student are required to complete. All on-campus students are asked to form 5-member learning groups by the 3rd week. Students will use time to become familiar with each other on the Internet, and freely engage in social and cyber interactions. All groups were asked to proceed with their group discussions when the 4th week began and instructor will release group projects in week 5, week 9 and week 13 respectively. Each group has one week to prepare and post their completed group projects online in the following week. The system will then allow online ranking from other groups and learners for one week. In this way, three rounds of group projects will be competed for higher recognition and heated discussion. Ultimately, online ranking totally accounted for 50% of marks, and the other 50% marks will be received from the instructor. It should be noted that during the course, instructor has responsibility to monitor and assist each learning group as well as in group project preparation and notification. Once the team's project is on tract, the on-campus students will be motivated to complete the course, as their commitment is not only important for their success but also to the success of their team members.

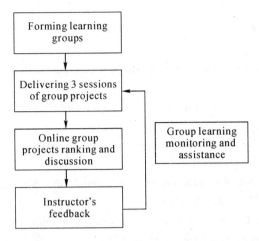

Fig. 2　Design for effective groupings in E-learning

5　Evaluation of the MOOC

To evaluate the effectiveness of using the MOOC to teach the course, a number of important constructs will be assessed. These include students' motivation, peer collaboration, achievement of learning outcomes and the use of resource made available to students. On-campus student's results in the exam will be analyzed through a longitudinal study comparing the results for two consecutive semi-semesters. To verify students' learning effects, a satisfaction questionnaire was mailed to each group with the stipulation that it was to be sent back along with their group projects.

6　Conclusion

Massive open online courses (MOOCs) are one of the most prominent trends in higher education in recent years. With time and place flexibility, MOOCs gather scholars and learners around the world. However, group learning as an effective way to disseminate information and knowledge tends to be ignored in the E-learning environment[5] as learning becomes a very isolated activities. The traditional face-to-face interaction is replaced by face-to-machine. Researchers and platform designers of E-learning should address such challenge by incorporating team building in E-learning process.

7　Acknowledgements

This paper is supported by Zhejiang Provincial Higher Education Class Reform (kg2013251); English Courses for International Students in China by Ministry of Education of China([2013]1113); Key Course Construction project of Zhejiang University of Technology(yx1324).

References

［1］Baturay M H. An overview of the world of MOOCs. Procedia-Social and Behavioral Sciences，2015 (174)：427-433.

［2］Conole G. MOOCs as disruptive technologies：strategies for enhancing the learner experience and quality of MOOCs. Revista de Educación a Distancia，2013(39)：1-17.

［3］Abeer W，Miri B. Students' preferences and views about learning in a MOOC. Procedia-Social and Behavioral Sciences，2014(15)：318-323.

［4］Schedlitzki D，Witney D. Self-directed learning on a full-time MBA e A cautionary tale. The International Journal of Management Education. 2014(12)：203-211.

［5］Sun P C，Cheng H K，Lin T C，Wang F S. A design to promote group learning in E-learning：Experiences from the field. Computers ﹠ Education，2008(50)：661-677.